JE TRAVAILLE
DANS UNE MAISON
DE F☓☓US

Groupe Eyrolles
61, bd Saint-Germain
75240 Paris cedex 05

www.editions-eyrolles.com

Traduction et adaptation française : Corinne Tresca

Édition originale : *Ich arbeite in einem Irrenhaus*
© Ullstein Buchverlage GmbH, Berlin. Publié en 2011
par Econ Verlag.

Martin Wehrle

JE TRAVAILLE DANS UNE MAISON DE FOUS

EYROLLES

Sommaire

Sur les traces de la folie

Quand le personnel s'épanche, les belles façades des entreprises perdent souvent de leur superbe. Tels groupes dont les noms semblent des labels de qualité s'avèrent des champions de la fumisterie, des gloutons dispendieux, des repères de Pieds nickelés. La raison n'y a guère droit de cité – la folie, en revanche, s'y épanouit comme une fleur au soleil.

Comment j'en arrive à ce constat ? Je suis conseil en gestion de carrière, *coach*.

Quiconque fait appel à mes services, le fait avec le désir de parler franchement de son entreprise : de sa face cachée, de ce qui s'y passe et ne s'y passe pas, de ce qu'il doit au quotidien ravaler alors qu'il voudrait hurler, de ce qu'il voit et ne devrait pas voir. Toute cette folie est déballée lors de nos entretiens de *coaching*. Il en résulte une image *sans fard* de son entreprise, une vue de l'intérieur qui ferait se dresser sur la tête les cheveux de toute agence de communication.

Nombre de fois, je me suis dit : « C'est dingue ce qui se passe dans ces boîtes ! Il faudrait que ça se sache »… et l'idée de ce livre a germé. J'ai rassemblé dans ces pages des témoignages et des anecdotes qui présentent les entreprises sous un angle que les belles plaquettes de promotion omettent d'aborder, et pour cause : on les voit sous l'angle peu flatteur du vécu de l'intérieur.

Si vous pensiez jusque-là qu'il n'y avait que chez votre employeur qu'on marchait sur la tête, vous allez vous frotter les yeux. La plupart des entreprises existent en double : une version pour l'extérieur ou comment elles se rêvent, et une version vue de l'intérieur ou comment elles sont en réalité. Masquée par le papier glacé, oubliée dans les rapports d'activité, blanchie dans les discours des dirigeants, la folie – la vraie – règne entre les murs de nombre d'établissements.

Les entreprises ne se préoccupent pas des marchés, mais d'elles-mêmes : les grands groupes ressemblent à des jardins d'enfants, les PME se complaisent dans le petit et le moyen, les entreprises familiales auraient besoin de thérapies familiales. Les directions ne dirigent rien du tout, les services commerciaux rêvent d'un monde sans clients et le travailler ensemble est devenu panier de crabes et compagnie.

Cette folie ordinaire, seuls les salariés de l'entreprise la connaissent. Ils vivent leur entreprise comme personne ne la connaît – comme une cage aux fous, une Sarl de cinglés. D'après une enquête de Stepstone, un portail européen d'offres d'emploi et de recrutement en ligne, 50 % des salariés auraient honte de leur employeur[1]. Cette triste réalité n'éclate que rarement au grand jour, comme cela a été le cas de l'ubuesques fausse histoire d'espionnage chez Renault.

Une entreprise est comme un restaurant. Il y a la salle à manger, où l'on reçoit les clients et où le personnel est aimable et aux petits soins. Mais l'essentiel de l'activité se passe ailleurs, en coulisses. Hors des cuisines, personne n'est au courant du nombre d'assiettes qui tombent par terre et personne ne sait si le chef crache dans la soupe. Ce visage – le vrai visage d'une entreprise – ne figure nulle part sur la carte. Seul le personnel le voit.

De même que l'on finit par être imprégné d'odeurs de cuisine quand on travaille dans un restaurant, quiconque travaille dans une maison de fous encourt le risque d'être contaminé par la folie. Cela va de la petite manie (un employé imite son chef tyrannique) à la catastrophe sanitaire. Fin 2011, un rapport de l'Agence nationale de sécurité sanitaire de l'alimentation, de l'environnement et du travail tirait la sonnette d'alarme en montrant une forte augmentation des consultations liées aux risques psychosociaux[2].

Volontiers considérées autrefois comme des bagnes, les entreprises se sont transformées en asiles d'aliénés. Ce qui se passe derrière ces hauts murs, à quelles règles obéit l'admission des patients et quelles sont les camisoles couramment utilisées : autant d'abîmes mystérieux que je me propose d'éclairer pour vous.

Dans la première partie, je vous présente notre grande « cage aux fous » hexagonale, avec quelques incursions chez nos voisins proches, et je décode pour vous le règlement intérieur secret, mais universel, de ce vaste asile. C'est un plaisant parcours-découverte dans la « folie XXL » qui sévit dans les grands groupes, la « folie tare familiale » qui ruine les PME et les gros mensonges clinquants plaqués sur de trop pâlichonnes réalités.

La seconde partie propose un grand test vérité destiné à vous permettre de mesurer le degré de démence de votre entreprise… puis donne des pistes pour se sortir de l'éventuel bourbier. Quant à l'avenir, un « système d'alerte précoce » devrait vous éviter de retomber sur une entre-prise-maison de fous.

Ce que vous allez lire est *fou, complètement fou*. Ces échos du monde du travail sont pour certains d'une telle bêtise qu'on en pleurerait, pour d'autres si absurdes qu'on ne peut s'empêcher d'en rire. Pourtant, à chaque page, vous risquez de retrouver une vieille connaissance : votre propre entreprise. Maintenant, vous êtes prévenu.

Première partie
La cage aux fous

1

Bienvenue chez Maison de fous Sarl !

Un nouvel embauché est toujours curieux de savoir « comment tourne la boîte ». Le salarié qui a quelque expérience est plus enclin à se demander « si elle tourne encore rond ». Ce chapitre vous révèle…

- les quatre symptômes auxquels reconnaître une maison de fous ;
- comment la folie progresse au sein d'une entreprise ;
- comment l'avarice d'un grand groupe a mis employés et clients au régime sec ;
- et pourquoi ce n'est pas tout à fait par hasard que, un soir, un président, a inscrit cinq cerfs à son tableau de chasse.

MON ENTREPRISE, MA VIE

« *Nous* pensons que… » Quand un salarié s'exprime à la première personne du pluriel, ou par la forme neutre de la troisième personne du singulier, vous pouvez être sûr d'une chose : il parle pour son entreprise. De même que le supporter de foot s'identifie à son club (« On a gagné ! ») et la mère à son bébé (« Allez, on finit notre purée ! »), le salarié ne forme plus qu'un avec son entreprise. Il n'utilise pas la troisième personne du singulier, il prend la parole à sa place, sans distance. L'entreprise est lui. Il est l'entreprise.

Ainsi se produit un petit miracle : un individu, qui ne possède qu'un seul cerveau, se voit soudainement pousser trois mille têtes (pour autant que les effectifs de la société qui l'emploie atteignent ce nombre). Son chiffre d'affaires annuel bondit de 40 000 à 4 milliards d'euros (pour autant que son entreprise gagne autant d'argent). Il n'est plus Jean Dupont. Il n'est plus Marie Durand. Il est une partie de quelque chose de bien plus grand. Il est Microsoft. Il est Total. Il est Renault. Et c'est également ainsi que ses amis le perçoivent.

Il est *important*.

Je constate l'effet d'entraînement de ce « nous » lors de mes entretiens de *coaching* : cinq jours après son embauche, un salarié dit : « *Ils* veulent lancer un nouveau produit. » Deux semaines plus tard, il est déjà passé au : « *Notre* nouveau produit marche bien. » Le salarié se fond dans l'entreprise comme un sucre dans le café chaud et rien ne parvient à défaire ce fusionnement, pas même un licenciement.

L'un de mes clients a longtemps exercé des fonctions d'encadrement dans un groupe de l'industrie chimique, jusqu'à ce qu'il se fasse licencier. Cinq ans plus tard, son identification avec son ancien employeur est toujours aussi vivace. Il parle du « cours de notre action », de « notre ligne de produits ». C'est tout juste si son propre licenciement n'est pas devenu « notre gestion rationnelle du personnel ».

Je lui en ai fait récemment la remarque : « Je suis frappé que vous continuiez à dire "nous" en parlant de votre ancienne entreprise…

– Ah ? Je dis "nous" ? Je ne m'en étais pas rendu compte.

– Pourquoi utiliser toujours ce "nous" ?

– J'y ai travaillé quinze ans et j'y ai fait bouger pas mal de choses… C'est l'habitude.

– Mais au bout de cinq ans, vous devriez vous être habitué à ne plus faire partie de la société…

– Je m'y suis habitué, mais avec une entreprise, c'est comme avec… » Il a hésité, regardé longuement le plafond comme s'il espérait qu'allait s'y inscrire le mot qu'il cherchait. Puis son visage s'est éclairci : « Comme avec un enfant !

– Comment cela ?

– Quand on fait un enfant, il reste toujours votre enfant. Même si sa mère vous quitte et qu'il ne vit plus avec vous. »

Je n'ai pas pu m'empêcher de sourire : « Vous, dans le rôle du père, et le grand groupe dans celui de votre enfant. Vous n'intervertissez pas les ordres de grandeur ?

– Ne prenez pas tout au pied de la lettre ! C'est une façon de parler. J'ai initié beaucoup de projets, dans cette boîte, dont quelques-uns tournent toujours. »

La plupart des salariés vivent de fait leur rapport à leur entreprise non pas comme un simple lien professionnel, mais comme une relation affective. Certains aiment d'amour leur entreprise, d'autres la haïssent. Rares sont ceux qui n'éprouvent pour elle que de l'indifférence, ce que l'on serait en droit d'attendre d'une relation contractuelle.

L'expression « être marié avec son entreprise » est peut-être un clin d'œil, une plaisanterie gentiment moqueuse, elle n'en contient pas moins une part certaine de vérité. Premièrement, la plupart des gens *aiment* leur travail et du même coup leur employeur – du moins tant que la folie ambiante ne leur en a pas fait passer le goût. Deuxièmement, tout nouveau salarié n'épouse pas seulement son job, mais sa famille de travail au grand complet, comme si son patron était un super beau-père régnant sur une famille aux branches multiples. Troisièmement, il en va des mariages de travail comme de tous les mariages : plus les années passent, plus les époux en viennent à se ressembler. Non que l'entreprise se transforme, mais parce que le salarié s'adapte.

Quels sont donc les usages en vigueur dans cette drôle de famille ? Que doit endurer un (nouveau) salarié ? Où se situe la limite avec la folie ? Plusieurs questions méritent d'être posées, notamment :

- est-il normal que votre chef chante les louanges de la formation continue dans son discours de fin d'année et qu'en même temps vos demandes réitérées de stages se heurtent à un mur ?
- est-il normal que le poste « à pourvoir » pour lequel vous postulez ait été attribué en sous-main deux mois plus tôt ?
- est-il normal que la voie hiérarchique que vous respectez ou la réunion à laquelle vous assistez ne soient que des attrape-nigauds et que les décisions soient prises en coulisses ?
- est-il normal que votre nouveau supérieur sabre une réussite de son prédécesseur pour la seule raison que ce n'est pas lui qui est à l'origine du projet ?
- est-il normal qu'officiellement, votre entreprise vante les mérites du travail en équipe, et que ce soient toujours ceux qui jouent des coudes qui accèdent aux postes d'encadrement ?
- est-il normal que la plaquette de promotion de la société n'ait pas assez de superlatifs pour présenter le service après-vente alors que tout le service a été « délocalisé », comme s'il sentait trop mauvais pour rester sur place ?
- est-il normal que les dividendes pleuvent sur les actionnaires tandis qu'un gel des embauches a été décrété et que les salaires sont bloqués, soi-disant par manque d'argent ?

Oui, tout cela se passe sous le toit de nos entreprises. C'est habituel, très répandu même. Maintenant, si vous me demandez si c'est *normal*, non, ça ne l'est pas, c'est aberrant, absurde, irresponsable, en un mot : *fou* !

> **Règlement intérieur de l'asile – art. 1** : Un nouveau salarié pense qu'il devient une partie de l'entreprise. Il se trompe, c'est l'entreprise qui devient une partie de lui.

© Groupe Eyrolles

DÉPISTAGE RAPIDE DE LA FOLIE

À quels indices pouvez-vous *rapidement* repérer que votre entreprise est une maison de fous (vous trouverez un grand test détaillé dans la deuxième partie de ce livre) ? Après des années d'observation, quatre grands signes, dont il suffit qu'au moins un corresponde, me semblent particulièrement fiables.

L'hypocrisie

L'entreprise ne fait pas ce qu'elle dit et ne dit pas ce qu'elle fait. Elle promet à ses collaborateurs (et à ses clients) plus qu'elle ne tient. Elle cultive un discours qu'elle n'applique pas. Elle pose des conditions qui ne sont pas tenables. Elle ne respecte qu'une morale : la double morale. Est vrai ce qui lui est utile. Les entreprises de ce type sont des spécialistes du peaufinage de façades, seule leur apparence est irréprochable.

L'appât du gain

L'entreprise ne s'estime tenue qu'à un « grand » objectif : la maximisation de son profit. Le client n'est qu'une source de revenus, l'environnement une matière première bonne à piller et le salarié un esclave qui peut s'en aller quand il s'est acquitté de sa tâche. Elle taille dans les effectifs et les coûts à la hache et sans scrupules. Cette expression de la ploutocratie règne surtout dans les grands groupes.

L'égocentrisme

L'entreprise est essentiellement occupée par elle-même. L'extérieur l'intéresse peu. Elle définit des procédures, organise des réunions, brasse du vent. Un jour, c'est le bazar, par exemple au lendemain d'une restructuration, un jour la paralysie, par exemple à la suite d'une coupe budgétaire. Les salariés n'ont aucune autonomie. Le client est la cinquième roue du carrosse.

Le dilettantisme

L'entreprise se prend toute seule les pieds dans le tapis. Ici, on ne fait pas d'affaires, on cultive allègrement l'amateurisme. La direction n'a de direction que le nom. Les décisions sont prises à pile ou face. L'horizon s'arrête au terminus de la ligne locale de bus. Cette forme d'incompétence s'épanouit principalement dans les PME.

Vous avez reconnu l'entreprise où vous travaillez actuellement ? Et peut-être également l'un ou l'autre de vos ex-employeurs ? Dans ce cas, la façon dont ces troubles du comportement se sont développés dans les entreprises va assurément vous intéresser. C'est le sujet du chapitre qui suit.

Objet : Je travaille pour du vent

Notre société n'est qu'une machine à faire du vent. C'est peut-être banal pour une agence de publicité, mais nous, on tient le pompon. Dans le milieu, notre réputation est au top. Pourquoi ? Nous gérons les budgets de deux annonceurs de premier plan. Et le nom de ces annonceurs, nous ne manquons pas de les claironner à tout bout de champ.

Mais ce que personne de l'extérieur ne sait (et moi seulement par une indiscrétion), c'est que ces contrats dont nous sommes si fiers ne sont pas des contrats. Ce sont des cadeaux à nos chers clients. Nous concevons leurs slogans, organisons leurs campagnes de promotion, assurons la gestion de leurs sites Internet, mais le bord a passé un contrat biaisé : nous fournissons nos prestations pour des queues de cerises, pour un montant égal à zéro, en contrepartie de quoi nous sommes autorisés à nous vanter de travailler pour eux.

.../...

.../...

Ces clients, qui monopolisent l'essentiel des effectifs, ne rapportent presque rien à l'agence. Et l'effet d'entraînement qu'ils sont censés déclencher laisse pour le moins à désirer. Visiblement, les autres gros annonceurs dont nous aurions un besoin urgent pour renflouer les caisses se disent que nous ne sommes pas capables de nous occuper de plus de deux gros clients à la fois.

Avec ce bluff, nous réussissons surtout à fermer la porte aux éventuels gros clients qui paieraient normalement. C'est complètement absurde, d'autant que nous manquons d'argent. Les salaires sont constamment payés en retard. La moitié des collaborateurs sont déjà des stagiaires. Aucun d'eux ne sait que la façon dont ils travaillent est identique à celle de l'agence : sans rémunération, pour le seul nom ronflant qui figurera sur leur CV.

Je vous remercie à l'avance de considérer ce témoignage comme confidentiel et de changer les noms et les faits qui seraient identifiables[3].

Tania C., rédactrice publicitaire.

Règlement intérieur de l'asile – art. 2 : Les personnes qui craquent sont envoyées chez les fous. Les salariés qui craquent sont déjà chez des fous.

PETITES HISTOIRES DE DÉVELOPPEMENT
OU COMMENT DES ENTREPRISES DEVIENNENT
(DÉRAISONNABLEMENT) GRANDES

D'où vient la folie ? La question occupe les psychiatres depuis des lustres. Tout thérapeute qui se respecte remue consciencieusement le tas de fumier du passé jusqu'à ce que les origines de chaque problème psychique soient mises au jour (et accessoirement que ça sente bien mauvais). Un père n'a pas témoigné suffisamment de reconnaissance, une mère a donné trop de bonbons, et on sait d'où vient le mal !

Les entreprises présentent malheureusement la peu accommodante caractéristique d'être trop grandes pour s'allonger sur un divan. Quand bien même le pourraient-elles, le patient ne parlerait pas d'une seule voix. Une entreprise ayant autant de bouches que de collaborateurs, du fondateur au portier, tous parleraient en même temps. Force serait alors de conclure à une forme sévère de schizophrénie.

Pourtant, la façon dont une entreprise se développe n'est pas anodine. Ce qu'est la socialisation dans la vie d'un homme, son apprentissage de la vie, de la naissance à l'âge adulte, correspond, pour les entreprises, à la phase de fondation. Quel rôle joue alors la personnalité du fondateur ? Ce qu'un fou imagine se transforme-t-il inévitablement en folie ?

Ou bien l'idée commerciale est-elle déterminante ? Une agence de publicité doit-elle être elle-même un peu folle pour avoir des idées folles ? Une société de conseil en *management*, qui vend tous les jours de bonnes idées qu'elle-même n'applique pas, devient-elle immanquablement schizophrène ? Une entreprise *leader*, dont les concurrents ne cessent d'attaquer la forteresse, est-elle prédestinée au délire de persécution ?

Et surtout : quelle influence ont les directeurs de maisons de fous sur la santé (mentale) de leurs collaborateurs ? Un patron qui se comporte comme une brute épaisse peut-il attendre de ses collaborateurs qu'ils soient civilisés ? Un poisson dont la tête sent très fort la folie doit-il avoir la même odeur jusqu'à la queue ?

Autant de questions qui mettent en évidence qu'une plongée dans l'historique d'une société, de sa fondation à sa maturité, peut être formidablement passionnante. Et très instructive pour débusquer la folie.

Il existe quatre types de culture d'entreprise. Ils s'interpénètrent souvent[4].

La culture village

La plupart des fondateurs que j'ai conseillés avaient une particularité commune : ils ignoraient tout de la création d'entreprise. Une super idée leur était venue un jour, tombée du ciel, qu'ils avaient envie de faire croître et embellir. Mais comment diable devaient-ils s'y prendre ?

Créer une entreprise : le sujet est chez nous aussi tabou que s'il s'agissait d'une maladie honteuse. À l'école, au collège, au lycée : jamais vous n'en entendrez parler. Quant à l'esprit d'entreprise, toujours assimilé au gros capitaliste au cigare entre les dents, au suceur de sueur et de sang, c'est peut-être pire encore. La voie de la réussite, c'est le salariat, hors du sacro-saint contrat de travail, point de salut.

Beaucoup de fondateurs disposent cependant d'un solide soutien : leur enthousiasme juvénile. Ils démarrent avant de penser. Bill Gates, qui s'est lancé dans les affaires en 1975, à 19 ans, n'a pas fait autrement. La grande jeunesse présente en outre un avantage : si le fondateur fait faillite, il lui reste soixante ans pour rembourser ses créanciers.

Et si sa société décolle comme une fusée ? Il est le premier surpris. Sa sidération dure jusqu'à ce que l'avalanche de travail l'engloutisse. Il a alors besoin de petites mains pour l'aider à retrouver la lumière du jour.

Quelles qualités doivent posséder les premiers collaborateurs ? J'ai défini et redéfini des dizaines de « profils requis » avec des créateurs d'entreprise, pour finalement les mettre au panier. De même que l'on n'attire pas un pilote de Formule 1 avec une voiture à pédales, on n'attire pas de géniales têtes avec des caisses vides. Ce sont les postulants les moins chers – la plupart du temps des amis du fondateur – qui s'adjugent le marché, même si leur faible salaire ne reflète qu'une moindre qualification, peu d'expérience et, dans le pire des cas, un manque de compétences.

Une des premières graines de la folie future est ainsi plantée. Le groupe fondateur est souvent une équipe dénuée de compétences, mais ce sont précisément ces camarades de combat de la première heure que le fondateur considère comme les premiers parmi ses pairs. Ils bénéficient à coup sûr de l'adoubement d'une promotion dès que l'argent commence à circuler et le manège des embauches à tourner.

Dans l'entreprise-village, tout le monde se connaît. Les voies décisionnelles sont réduites au minimum. L'idée qui est venue à un collaborateur au petit déjeuner est approuvée par le fondateur avant même le déjeuner. « Eh bien, je vais à Zurich ! » vaut demande de déplacement professionnel. La création d'un nouveau poste budgétaire se décide sur un « Il faut que j'embauche quelqu'un ! ». Et les questions d'augmentation de salaires se traitent exclusivement au bistrot, quand le patron a déjà levé le coude et dit plus facilement oui que non.

De nombreux services ne comptent qu'un unique salarié. Quand je téléphone dans ce type d'entreprise pour parler au fondateur, on me répond souvent : « Il avait un courrier à poster, il vient juste de partir. Il pense repasser au bureau après. » Chaque habitant du village-entreprise sait ce que l'autre est en train de faire. Les informations circulent, fusent et sont renvoyées comme des balles de tennis.

Le fondateur n'est pas que gérant : il est également directeur du personnel, directeur commercial, contrôleur de gestion et agence de publicité. Il règne sur son entreprise-village comme un maire sur sa commune. Il pratique ses collaborateurs au quotidien, il les voit, leur parle, bidouille à leurs côtés, il est au courant de tout – de tout ce qui se passe et de tout ce qui coince. Il ne lui viendrait jamais à l'esprit de consigner quoi que ce soit dans un PV. À quoi bon ? Tout le monde a entendu la même chose que lui.

Le fondateur connaît si bien ses collaborateurs qu'il n'ignore rien de leur parcours personnel, ni de leurs goûts culinaires. Certaines entreprises ne grandissent jamais. Ces naines restent à vie des petites ou très petites entreprises.

D'autres rencontrent un problème de taille (au double sens du terme) : le succès les fait grossir.

La culture jungle

Plus de contrats, plus de collaborateurs, plus de bureaux… et plus de désorganisation. Jusque-là, tout était si visible que la seule « voie » hiérarchique empruntée était le couloir. Maintenant que la société se développe, une structure devient indispensable. Quelles sont les attributions d'un service, comment circulent les informations, qui détient le pouvoir de décision et jusqu'où : rien n'est défini. Dans l'entreprise-village, tout le monde travaille ensemble. Dans l'entreprise-jungle, tout le monde travaille sans savoir ce que fait l'autre.

Une jeune *start-up*, dont les dépenses échappaient à tout contrôle, avait d'urgence besoin d'un comptable. Jamais le fondateur n'aurait songé à passer une petite annonce. Il a rameuté ses troupes et prié chacun de dénicher la perle rare.

Ainsi fut fait. Trop bien fait. *Deux* collaborateurs embauchèrent chacun verbalement une de leurs connaissances, ce qui dans la confusion générale n'apparut que lorsque deux quidam voulurent s'asseoir dans le même fauteuil. Deux quidams, soit dit en passant, dont aucun n'était comptable de formation, seulement aspirant comptable.

La désorganisation qui régnait dans cette *start-up* allait encore plus loin. Quand, le matin, un collaborateur ne se montrait pas à son poste, un grand avis de recherche était lancé, histoire de découvrir s'il était :
a) en vacances ;
b) malade ;
c) soudainement passé de vie à trépas.

Dans les deux premiers cas, la règle voulait que l'on se préoccupât soi-même de trouver un remplaçant. En référer à ses supérieurs, par exemple déposer officiellement une demande de congé, était aussi peu usité que le DVD au Moyen Âge. Le troisième cas (« Est-il toujours en vie ? ») se posa le jour où un jeune collaborateur disparut de la circulation. Son numéro de téléphone ? Personne ne l'avait. Son adresse ? Elle n'était plus valable. Ce n'est que des semaines plus tard que l'on apprit qu'il travaillait pour une autre entreprise. En bon enfant de la jungle, il n'avait pas jugé utile de présenter officiellement sa démission.

Le seul ordre qui règne dans ce capharnaüm est la division de l'entreprise en deux classes. La classe supérieure se compose de ceux qui étaient là dès le début, les pionniers. Ils sont au sommet, leurs salaires aussi. La classe inférieure se compose de tous ceux qui ont manqué le début et ne sont arrivés qu'après. Ils sont définitivement considérés comme des nouveaux venus et les serviteurs des princes fondateurs.

Quand l'entreprise a suffisamment d'argent pour embaucher des collaborateurs de premier plan, les occupants de la première heure sont déjà tous confortablement installés dans les fauteuils directoriaux qu'ils n'ont aucune envie de céder. Les amateurs dirigent désormais des professionnels hautement qualifiés. C'est comme si après son accession en ligue 1, un club de troisième division faisait toujours jouer des footballeurs amateurs et reléguait sur le banc de touche les professionnels embauchés depuis.

Au club des pionniers, qu'anime le fondateur, on s'entend comme larrons en foire. Toutes les décisions qui dépassent l'acquisition d'un taille-crayon sont prises de concert par les vieux grognards, de préférence le soir après la fermeture des bureaux, par exemple au bar du coin. Les nouveaux sont désespérés. La voie hiérarchique n'est même pas un leurre, elle n'existe pas.

Et le fondateur ? Il veut continuer à mener son affaire comme un maire de village, mais son agenda est surchargé, son téléphone n'arrête pas de sonner et sa boîte mail est aussi encombrée qu'une décharge sauvage. Il est débordé, il ne maîtrise plus la situation. Des dossiers importants restent en plan. Ses collaborateurs ne parviennent plus à le voir. Les réunions sont annulées au dernier moment. On ne répond plus aux clients.

La jungle devient envahissante, étouffe le succès. C'est dangereux. Tous les clignotants sont au rouge.

Objet : Comment je me suis trouvé devant une entreprise fermée

C'est arrivé à l'époque où notre entreprise est progressivement passée de 15 à 60 salariés. Je viens de prendre trois semaines de vacances. Premier jour de reprise du travail, je me dirige à grands pas vers la porte de l'entreprise… et me casse le nez. Elle est fermée. Étrange, il est déjà 9 heures. Les premiers collègues commencent d'ordinaire à 8 heures.

Je sonne. Personne ne répond. Je regarde le bâtiment. Rien ne bouge. J'attends. Aucun collègue n'arrive.

Mais enfin, qu'est-ce qui se passe ? Le patron a fait faillite pendant mon absence et personne n'a jugé utile de me prévenir ? Avec le chaos qui régnait ces derniers mois, ça ne me surprendrait pas.

Cinq minutes s'écoulent. Une collègue, qui est comme moi de retour après trois semaines de vacances, me rejoint. Nous n'avons ni l'un ni l'autre de clés des locaux et ne comprenons décidément pas ce que signifie cette porte close.

Que faire ? J'appelle un collègue sur son portable. Quand il répond, j'entends en arrière-fond un refrain joyeusement repris en chœur. « Ben, on est dans le car, m'annonce-t-il. Personne ne vous a dit que l'excursion annuelle de la boîte avait lieu aujourd'hui ? » Cette escapade avait été organisée au dernier moment. Que deux personnes se trouvent alors en vacances avait tout simplement été oublié. Il n'y a pas de service du personnel, c'est la secrétaire, surchargée de travail, qui en fait office.

C'est pour le moins désagréable de se sentir exclu d'un événement sympathique. Et c'est un miracle qu'aucun collègue n'ait été perdu en cours de route. Ça n'aurait pas déparé dans le désordre ambiant.

Laurent D., directeur de projet

La culture ville

Quand les dégâts deviennent trop visibles pour être ignorés, quand les factures ne sont plus envoyées, les salaires plus versés, les impôts plus payés, quand les premiers salariés sont poussés à la folie, fondent en larmes ou sont chassés comme des malpropres parce qu'il faut bien des boucs émissaires, alors, un jour, au milieu du chaos, une évidence s'impose : il faut des règles.

Jusque-là, on ne savait pas toujours en quoi consistaient précisément les attributions d'un salarié (défaut de définition de poste), qui pouvait prétendre à quelle prestation (défaut de structure des salaires) et s'il fallait ou pas se doter d'un service du personnel ou d'une comptabilité.

Dans l'entreprise-ville, une partie des pionniers réussit à maintenir son autorité. Le reste fait les frais de son incompétence : le tout nouveau service du personnel réclame qu'on ne laisse plus ces dilettantes aux commandes. Plusieurs pionniers sont dégradés.

La culture *ville* signifie également que l'entreprise devient plus anonyme. Au lieu de bavarder tous les jours avec le fondateur, les salariés ne parlent désormais qu'à leur chef de service. Au lieu de tutoyer tous les collègues, c'est à peine s'ils connaissent les noms des nouveaux. Et au lieu de s'acquitter d'une tâche du début jusqu'à la fin en solitaire, souvent, ils ne courent plus que des sprints, puis une fois atteintes les limites de leurs attributions (désormais bien définies), ils passent le relais au service suivant.

Chaque nouvelle règle réduit un peu plus la mobilité de l'entreprise. L'administratif paralyse les décisions. C'est une phase où il peut arriver que des décisions aussi importantes que l'offre attendue par un client soient différées parce qu'une commission n'est pas au complet (dans les grandes entreprises, il y a toujours quelqu'un d'absent !), parce qu'un budget est déjà épuisé ou parce que la rivalité opposant deux services est une nouvelle fois plus importante que les intérêts de la société.

La culture *ville* réglemente tout. Les salaires dépendent de grilles, les dossiers personnels sont classés avec soin, les heures de travail enregistrées. On ne peut plus faire un pas sans se prendre les pieds dans les mailles de la paperasserie : une badgeuse est installée à l'entrée des locaux, les déplacements professionnels font l'objet d'une demande, les embauches d'une procédure de sélection. Tout dossier plus compliqué que le démarrage d'un ordinateur dégénère en procédure bureaucratique. Vive le formalisme. La raison est reléguée au rang de spectatrice.

L'un de mes clients, directeur de service, s'est ainsi trouvé devant un véritable casse-tête : alors qu'il était en charge d'un important projet client, l'un de ses collaborateurs a été victime d'un accident de moto et arrêté six semaines. Il était évident qu'il devait être remplacé sans attendre et, à vrai dire, personne ne s'y opposait. Personne, mais le budget affecté au personnel temporaire était « malheureusement épuisé » et aucun passe-droit n'était prévu.

Mon client a insisté, arguant du fait qu'un contrat à six chiffres dépendait de ce remplacement. En vain. Le service du personnel l'a prié de s'adresser à la direction. La direction l'a renvoyé au service du personnel. Et s'ils ne sont pas morts, il est probable qu'ils continuent à se complaire dans leur paperasserie… et que le client continue à attendre. C'est le côté absurde de la culture *ville*.

Le nomadisme

Les salariés vont et viennent, changent en permanence, circulent comme dans un moulin : pas de doute, vous êtes en présence d'une culture *nomade*. Elle peut succéder à une culture *ville*, mais pas nécessairement. Les entreprises-nomades sont très prisées des collaborateurs de maisons de fous candidats à l'évasion. À peine y sont-ils entrés qu'ils cherchent déjà la sortie de secours et un nouveau job. S'ils y restent malgré tout un ou deux ans, c'est uniquement pour leur CV. Et contre leurs convictions.

Je connais une de ces entreprises dans le secteur des technologies de l'information. La durée moyenne d'activité y est inférieure à deux ans. La raison en est imputable au patron lui-même. Le PDG de cette maison de fous attend de ses collaborateurs qu'ils rayent un concept de leur vocabulaire : l'heure de fermeture. La journée de travail commence à 9 heures et s'achève à 21 heures. Quiconque manifeste le désir de rentrer chez soi plus tôt, voire avoue avoir également une vie privée, s'attire une pluie de flèches empoisonnées.

Pour aussi déraisonnable que ce soit, les salariés ne parviennent pas à se liguer contre leur chef. Pire, ils se muent en chiens de garde, aboient dès qu'un collègue arrive plus tard ou part plus tôt et mordent si les faits se reproduisent. Étant eux-mêmes prisonniers de cette culture, ils ne supportent apparemment pas que d'autres s'accordent plus de liberté. Presque aucun ne tient le coup plus de deux ans.

La plupart du temps, le poisson pourrit par la tête. Cela vaut également pour un service. Je connais des entreprises où les salariés d'un département tiennent en moyenne douze ans et ceux du département voisin, douze mois. Autrefois, du temps où un fort taux de rotation du personnel était considéré comme le signe d'un défaut de *management*, c'était dangereux pour le supérieur. Aujourd'hui, alors que le temps est à la réduction de personnel et au « cost killing », beaucoup de maisons de fous se félicitent qu'un poste de dépenses à deux jambes veuille bien prendre la porte sans passer par la case licenciement et les dispense aimablement du versement d'indemnités. On en arrive ainsi à cette

situation absurde : le principe des centres de profit conduit
à encourager et récompenser la démotivation du personnel et son licenciement, par exemple par l'attribution de
primes de départ plus importantes.

Certains secteurs sont plus portés à la culture *nomade* que
d'autres. Le taux de rotation du personnel est nettement
plus élevé dans l'hôtellerie, la publicité ou les sociétés de
conseils aux entreprises que dans l'industrie automobile
ou le secteur de l'énergie.

La folie peut s'implanter dans toutes les cultures, j'ai cependant observé que plus l'entreprise est ancienne, plus sa
culture s'accroche avec ténacité, plus elle prospère avec
détermination et plus elle est difficile à éradiquer. Imaginez
un arbre : récemment planté, il n'en coûtera qu'un petit
effort pour l'arracher, mais s'il y a des années qu'il se développe, s'il est profondément enraciné, seule la tronçonneuse
pourra en venir à bout.

Les pages suivantes proposent quelques exemples de situations absurdes auxquelles la folie mène une fois installée, et montrent quels rôles jouent les salariés dans son
épanouissement.

> **Règlement intérieur de l'asile – art. 3 :** Toutes les bêtises que
> fait une entreprise à ses débuts sont excusées par sa jeunesse.
> L'absence de jeunes excuse toutes celles qu'elle fait plus tard.

L'EFFET « ILLUSION »

Que ne ferait-on pas pour flatter l'ego d'un chef. Nos amis
allemands sourient encore de la crédulité (mais n'est-ce pas
plutôt de la vanité ?) de cet ancien président d'Allemagne
de l'Est qui ne doutait pas d'être un fin chasseur parce qu'il

abattait cerfs, chevreuils, sangliers et lièvres par dizaines à chaque sortie en forêt, alors que ce succès phénoménal n'était dû qu'à l'empressement de subordonnés qui avaient soigneusement clos, puis abondamment peuplé et ainsi transformé en zoo en plein air, le territoire (c'est le cas de le dire) de ses exploits. Et pour qu'il ne risque pas de rentrer malgré tout bredouille, des dizaines de rabatteurs veillaient à ce que le gibier passe opportunément sous son nez[5].

En France, si quelques-uns des industriels propriétaires de terrains chasse en Sologne ont effectivement une réputation de fine gâchette, la plupart y possèdent un domaine parce qu'un château dans cette région, cela vous pose un « grand » patron. Les gardes-chasse au service du CAC 40 doivent eux aussi s'amuser des faisans d'élevage et chevreuils engrillagés héroïquement abattus par leurs employeurs et leurs invités[6].

Chaque jour, des milliers de petits jeux identiques se déroulent dans nos entreprises-maisons de fous, avec les patrons dans le rôle des chasseurs et les salariés dans celui des gardes-chasse rabatteurs. Le tableau qui est présenté aux chefs est très éloigné de la réalité – et très proche de leurs fantasmes. Les résultats, la satisfaction des clients et les prévisions commerciales sont trafiqués et embellis jusqu'à ce que les salariés soient sûrs que le patron sera content.

Un petit groupe de presse magazine spécialisé dans les loisirs nous en fournit un exemple que j'ai vécu de près. Le PDG du groupe, un homme au patronyme éminent, avait de grandes ambitions. Il voulait que ses titres soient en vente partout, dans le plus grand comme dans le plus petit kiosque. Il répétait à qui voulait l'entendre que ses journaux ne se vendraient que là où ils seraient en vente (pardi !) et n'avait de cesse de convoquer le directeur de la diffusion pour s'informer au plus près de l'état de développement du réseau de distribution.

Le directeur de la diffusion se comportait comme un garçon de café : son patron lui passait commande de bons résultats, il les lui servait sur un plateau d'argent. Seul problème : ces bons résultats étaient fictifs. Le responsable des ventes embellissait ses courbes et polissait ses chiffres jusqu'à donner l'impression que les titres du groupe arrosaient toute la France.

Pour que l'illusion soit parfaite, si Monsieur le directeur devait se déplacer, ce qui se préparait toujours longtemps à l'avance en interne, le responsable de la diffusion dépêchait un avant-coureur chargé d'approvisionner les kiosques de son parcours, de sorte que les titres du groupe fussent aussi visibles que les plus grands titres de la presse nationale.

Partout où il allait, cet éditeur tombait sur ses magazines. Pas de doute, il était en bonne voie de damer le pion à tous ces géants de la presse…

Dans l'entreprise, tout le monde, jusqu'au magasinier, était au courant de la supercherie. Seul le PDG n'y voyait que du feu et se berçait d'illusions. En réalité, le réseau de distribution du groupe était modeste et ses titres étaient essentiellement présents dans les magasins spécialisés, très rarement dans les kiosques.

Si l'anecdote prête à sourire, d'autres, qui mettent en péril les entreprises, sont affligeantes. Je dois l'histoire qui suit à l'un de mes clients, ingénieur mécanicien chez un grand constructeur de machines.

La direction s'était engagée à livrer à une date X le prototype d'une grande machine destinée à être fabriquée en série, engagement pris non seulement vis-à-vis du client mais du pays tout entier via les médias. Auparavant, ladite direction avait convoqué les responsables du secteur, annoncé la date de ses souhaits et demandé d'un ton sévère : « On y arrivera ? » Tous avaient acquiescé avec empressement… et ravalé leurs doutes.

« Quand j'ai eu connaissance de la date, j'ai tout de suite pensé que c'était de la folie, rapporte mon client. La construction d'une nouvelle machine ne se passe jamais comme on l'espère, il y a toujours quelque chose qui va de travers. » Et cette fois aussi ça a coincé : « Cette histoire de délais trop courts a eu trois conséquences : l'un des sous-traitants n'a pas réussi à fournir ses pièces dans les temps, les plans des circuits électriques qui avaient été développés dans deux pays différents n'étaient pas compatibles entre eux et, pour finir, la direction avait inconsidérément accepté des demandes particulières du client sans en calculer les délais d'exécution. »

La fabrication, lancée à grands renforts de roulements de tambour, tournait à peine depuis quelques semaines qu'elle avait déjà pris du retard sur le planning et, plus les jours passaient, plus les retards s'accumulaient. Et mon client de poursuivre : « Notre supérieur direct ne voulait rien savoir. Sa réponse, c'était : "On doit tenir nos délais. J'ai la pression de la direction sur le dos. Débrouillez-vous pour qu'on rattrape ce retard." »

Cette attitude est fréquente chez les directeurs de maisons de fous : ils ne veulent pas savoir où le bât blesse. Ils veulent seulement entendre que leurs idées sont excellentes et que les délais seront tenus. Tout va toujours bien. Les vérités qui dérangent, comme reconnaître que leur chasse privée est un zoo à ciel ouvert, ils ne les acceptent pas.

Un cycle infernal s'enclencha : le supérieur des ingénieurs-développeurs informa ses supérieurs qu'il y avait certes des « petits » retards, mais qu'ils n'auraient pas d'incidence sur les délais. Le problème fut un peu plus minimisé à chaque nouvel échelon hiérarchique. « Circulez, y'a rien à voir », ironisaient les salariés du groupe entre eux.

Quand il arriva au sommet de la pyramide, miracle, le « problème » n'existait plus : « Hourra. Objectif atteint. On a réussi ! » C'est ainsi que, jusqu'à la fin, les pontes de la direction jugèrent que leur planning était tout à fait réaliste et maintinrent des délais de livraison dont tous les ouvriers de l'atelier savaient qu'ils ne pourraient jamais être tenus.

Quand le château de cartes s'effondra, la presse s'en donna à cœur joie. Un bon nombre de clients désertèrent le groupe. En termes d'image, les dégâts furent énormes.

Une entreprise-maison de fous a ceci de particulier que ses directeurs connaissent par cœur les résultats de l'exercice en cours, sont à tu et à toi avec tous leurs partenaires commerciaux importants, assistent à toutes les réunions importantes… mais en savent moins sur les vrais problèmes qui fermentent tout en bas de la hiérarchie que le préposé à la distribution du courrier circulant dans les bureaux, à qui chacun se confie librement.

La vérité ne parvient pas au sommet de la hiérarchie parce que les collaborateurs porteurs de mauvaises nouvelles ont peur de se faire couper la tête. La réalité s'arrête à la porte du PDG. Les psychologues ont baptisé ce phénomène « domination émotionnelle[7] ».

Objet : Comment notre PDG a résolu son problème d'embouteillage

Notre société est établie dans une grande ville de province. L'année dernière, nous avons été informés par la direction que nous devions malheureusement déménager, notre bailleur ayant annoncé son intention de reprendre les locaux pour son usage personnel. Le nouveau siège ne se trouverait plus dans les faubourgs nord de la ville, mais sud.

Pour beaucoup de salariés, ce fut une catastrophe. Ils avaient fait construire des maisons, loué des appartements, choisi des écoles pour leurs enfants en fonction de leur lieu de travail. Ils en étaient désormais éloignés par une distance parmi les plus embouteillées de France. La durée de trajet en était augmentée d'une heure au bas mot. Plusieurs collaborateurs commencèrent à chercher un nouveau logement, d'autres envisagèrent de quitter l'entreprise.

Puis, un jour, nous avons découvert une nouvelle enseigne sur nos anciens locaux, et nous avons appris que notre société avait elle-même résilié son bail. Le prétexte de reprise par le propriétaire pour son usage personnel était un mensonge.

La vraie raison de notre déménagement nous a été révélée par une assistante : le grand patron habitait au sud de la ville. Les embouteillages qu'il rencontrait tous les matins le mettaient en rage. Quand il avait appris que des locaux se libéraient non loin de chez lui, il avait sauté sur l'occasion, sans une pensée pour ce que le déménagement allait coûter à la quasi-totalité de ses 250 employés.

Depuis, quand ils comptent leurs heures de travail, les collaborateurs qui peuvent y prétendre y ajoutent une part du surcroît de trajet. C'est mon cas.

Martin C., employé commercial

Règlement intérieur de l'asile – art. 4 : Le patron n'a pas à s'adapter à la réalité, c'est la réalité qui s'adapte à lui.

Quand le *cost killing* s'en prend à des cacahouètes

Connaissez-vous beaucoup de personnes qui peuvent se vanter d'avoir été invitées à partager une boîte de macarons avec un prince arabe ? Ma cliente Mélanie B. le peut. Le hic de l'histoire, ce n'est pas elle qui était l'hôte du prince, mais le prince celui de son entreprise.

C'était elle qui recevait, elle qui aurait dû offrir les macarons. Sauf que quelques années auparavant, le géant international pour lequel elle travaillait avait dégainé le stylo rouge. Depuis, un programme de réduction des coûts au nom très tendance du côté de La Défense, appelons-le « *Lean Costing 2015* », était censé compenser l'effritement des bénéfices. Une troupe de choc de jeunes conseillers d'entreprise passa le siège du groupe au peigne fin. Les jeunes commissaires à l'épargne – dont la propre activité engloutit une petite fortune – eurent à cœur de n'oublier aucune dépense.

Quand le nuage de sauterelles des conseillers ravageurs eut boulotté jusqu'au dernier brin d'herbe du paysage économique et monté un beau dossier de suggestions d'épargne, ils se présentèrent au directoire. Celui-ci battit des mains, ah, que c'était formidable ! En dix ans, la baguette magique *Lean Costing 2015* allait faire apparaître un pourcentage de baisse des dépenses globales à deux chiffres. De quoi envisager la concurrence asiatique avec sérénité.

La presse s'enthousiasma. Le cours de l'action s'envola. L'opinion publique ne retint qu'une chose : le géant de l'industrie avait bien pris l'air du temps et enclenché la vitesse « économies tous azimuts ». Bravo, encore bravo !

Toutefois, sur quoi ces mesures d'épargne portaient dans le détail, personne ne le savait. Hormis les salariés. « Les jeunes conseillers ont supprimé sans savoir ce qu'ils supprimaient, m'expliqua ma cliente. En fait, nos visiteurs devaient eux aussi être touchés. » Jusque-là, chaque collaborateur avait loisir de décider lui-même de ce qu'il souhaitait voir proposé aux clients qu'il recevait. Quand on attendait par exemple trois personnes en plein été, on faisait livrer six petites bouteilles d'eau minérale et des glaçons. Un matin de février, on commandait deux grandes thermos de café. Tout le monde s'en trouvait bien, et l'atmosphère de travail n'en était que meilleure.

Las, cette bien banale marque d'hospitalité, *Lean Costing 2015* n'en avait fait qu'une bouchée, c'est le cas de le dire. Vilipendé, voué aux gémonies, des règles draconiennes limitèrent le recours au service traiteur interne, un poste pourtant bien marginal.

Désormais valait la « règle des quatre heures ». Toute réunion d'une durée inférieure à quatre heures était interdite de traiteur. Cela voulait dire pas d'eau, pas de café, rien. En d'autres termes, pas question d'offrir ne serait-ce qu'un verre d'eau fraîche aux cinq investisseurs finlandais en nage qui s'étaient déplacés d'Helsinki par un après-midi caniculaire de juillet pour signer un contrat de plusieurs millions.

Et ne parlons pas des délicieuses et délicates petites bouchées salées ou sucrées que cette même entreprise avait la réputation de proposer discrètement à ses hôtes dès qu'un rendez-vous de travail durait un peu. *Lean Costing 2015* avait découvert les charmes des fruits frais. Désormais, dès qu'une rencontre durait plus de quatre heures – et dans ce cas seulement ! –, il était possible de commander *un* fruit par participant. C'est ainsi que l'on commença à voir de dignes messieurs en costume cravate tourner les pages de leurs dossiers avec des doigts tout collants.

Croyez-vous que la direction ait reconnu que son enthousiasme à épargner était allé trop loin ? Que nenni ! Le passage aux fruits frais fut vendu aux salariés comme une démarche de santé publique. Une note interne informa tout un chacun que l'entreprise était soucieuse du bien-être physique autant de ses collaborateurs que des visiteurs. L'effet nocif des encas peu diététiques étant largement avéré, il avait été décidé de…

Le vent de réduction des coûts balaya tous les étages… jusqu'au dernier, très cher étage de la direction devant la porte duquel il s'arrêta respectueusement. Ainsi que le rapporta le personnel du service traiteur, les petites bouchées délicates continuèrent d'y être servies et, le soir, le champagne d'y couler à flots.

Mais qu'en était-il des visiteurs des étages inférieurs ? De ces clients qui faisaient vivre le groupe et qui, après avoir été habitués à un traitement décent, n'avaient désormais plus droit qu'à une petite bouteille d'eau (pas question de plus, même au-delà de quatre heures !). Comment ignorer une telle marque de mépris ? une telle claque ?

Les restrictions suscitèrent un étonnement incrédule, puis une drôle d'organisation se mit tacitement en place : les clients se présentèrent aux réunions de travail avec leur pique-nique. Naturellement, en personnes bien élevées, ils offraient toujours de partager leur casse-croûte avec les salariés du géant mondial. De quoi rentrer sous terre de honte.

C'est ainsi que ma cliente Mélanie B. en vint à partager une boîte de macarons avec un partenaire commercial d'Arabie saoudite. « Quand "l'émir", comme on l'appelait entre nous, a quitté la salle de réunion, puis est revenu quelques minutes plus tard avec deux grosses boîtes de macarons sous le bras, franchement, ça m'a fait un drôle d'effet, se souvient-elle. On s'est tous jetés dessus, moi la première. On avait faim ! »

Mais tous les clients n'ont pas également apprécié de faire les frais de cette chasse aux coûts. Plusieurs ont choisi d'aller voir du côté de la concurrence s'il y avait encore des cacahouètes et du jus d'orange à tous les étages. Avec leurs contrats.

Une chose me frappe toujours quand les entreprises-maisons de fous se mettent en tête de faire des économies : les patrons voient tout de suite combien les compressions de coûts vont leur rapporter, mais ils sont complètement aveugles à ce qu'elles vont leur *coûter*. Si gagner une bouteille d'eau et trois queues de cerise doit se solder par le départ d'un client à la concurrence, la perte d'un contrat de plusieurs millions et le découragement d'un investisseur, autant se tirer tout de suite une balle dans le pied.

> **Règlement intérieur de l'asile – art. 5** : Quiconque économise un centime sera porté aux nues, même si cette économie a coûté deux centimes.

ATTENTION, ÇA DÉTEINT !

Que devient un salarié qui baigne quotidiennement dans la folie ? Qui doit faire apparaître un monde d'illusions pour son patron ? Qui est astreint à d'absurdes économies de bouts de chandelle ? Ou qui doit travailler parmi des gens qui ne savent pas communiquer autrement qu'en hurlant et s'invectivant ?

De même que la maladie qui touche le tronc d'un arbre se propage à ses branches, la folie qui règne dans une entreprise contamine immanquablement la vie (privée) des collaborateurs. Laissez-moi m'entretenir dix minutes avec le salarié d'une entreprise quelconque et je vous dis ce qui fonctionne, ou ne fonctionne pas, dans son entreprise, sans que nous n'en ayons à aucun moment parlé explicitement.

J'ai appelé récemment une jeune femme cadre dans une compagnie d'assurances pour convenir d'un entretien. Elle a insisté pour que je lui confirme notre rendez-vous − par courrier, s'il vous plaît, pas simplement par mail ! Ah, me dis-je, elle travaille dans une culture du soupçon, dans ce type d'entreprise où on ne peut prendre de rendez-vous à l'extérieur, dépenser un euro ou changer une cartouche d'imprimante sans un accord écrit de son supérieur.

J'avais vu juste. Cette femme travaillait depuis plus de dix ans dans l'entreprise, qui avait pignon sur rue. La direction présentait tous les signes de délire obsessionnel. Convaincue que le personnel prenait l'endroit pour un lieu de villégiature et se comportait en conséquence, elle exigeait de tous les supérieurs directs qu'ils passent les salariés au « rapport » à intervalles rapprochés. Le but de l'opération était d'obtenir une image exacte de la charge de travail de chacun et de repérer ceux dont on pourrait éventuellement se passer.

Chacun dans cette entreprise travaillait sous la pression de devoir justifier son poste. Ma cliente en était arrivée à rédiger un « compte rendu de travail » par jour. On aurait dit des rédactions niveau CE1 sur le thème « ma journée au bureau » : « 8 h 30 : mis l'ordinateur en route, pointage des mails reçus. 7 plaintes de clients. Répondu en premier à… »

C'était la façon de « se couvrir » que lui avait inculquée son supérieur afin qu'il puisse à son tour démontrer à son propre supérieur que le personnel sous ses ordres travaillait à plein régime.

Les formalités infantilisantes allaient plus loin : dès qu'elle accordait un rabais, ce qui était un geste commercial usuel, elle imprimait les mails échangés, tapait un compte rendu des discussions et joignait les offres comparables des entreprises concurrentes au dossier qu'elle glissait dans le parapheur. Son supérieur ne signait rien et ne donnait donc pas son accord à l'opération tant que ce filet de protection n'était pas tendu.

Conséquence absurde du délire de persécution du *management* de l'entreprise : du travail, les salariés en avaient plus qu'à leur tour, sauf qu'ils passaient une bonne partie de leur temps, non pas à s'occuper des clients, mais à faire de la paperasse pour se justifier.

La fin de notre entretien de conseil devait me réserver une autre surprise. Ma cliente a ouvert son sac à main, sorti son porte-monnaie et fait mine de me payer en espèces. « Mais comment pouvez-vous être sûr de récupérer votre argent ? » répliqua-t-elle à mon refus, stupéfaite d'apprendre que j'allais lui envoyer une facture. En dix ans dans l'entreprise, on ne devait jamais lui avoir témoigné autant de confiance…

L'absurde obsession de sécurité de sa direction avait déteint sur elle et commencé à grignoter sa raison, mais à l'évidence elle avait compris que cette culture du soupçon la détruisait, puisqu'elle cherchait un nouvel employeur.

Les exemples de folie contagieuse ne manquent pas. L'an dernier, j'ai été contacté par l'un des cadres dirigeants d'une PME qui souhaitait donner un nouvel élan à sa carrière. « J'aimerais déterminer quels grands groupes correspondent le mieux à mes objectifs », annonça-t-il d'emblée. Il considérait visiblement comme acquis que les grands groupes n'attendaient que lui. Au cours de nos entretiens, j'ai appris que l'entreprise de 300 personnes pour laquelle il travaillait régnait sur le marché régional comme un roi sur ses terres et était encensée dès que l'occasion se présentait. La conviction d'être désiré partout avait déteint de l'entreprise sur son collaborateur… qui, à près de cinquante ans, n'en allait pas moins rencontrer de sérieuses difficultés à concrétiser son désir de changement.

Même le « parler» d'une entreprise déteint sur ses collaborateurs. Je constate régulièrement que dans les administratrations, les employés ont rayé le mot « personne » de leur vocabulaire pour le remplacer par « citoyen ». Un cadre dans la fonction publique m'a dit un jour : « Personnellement, en tant que citoyen, mes attentes seraient que… » Il parlait de son avenir professionnel, pas des prochaines élections.

Dans les entreprises de technologie, le mot « je » fait souvent partie des espèces en voie d'extinction. « On » − le terme de remplacement − ne travaille pas avec des personnes, mais avec des « participants au projet » qui, comme des machines, doivent « fonctionner ». J'entends en consultation des clients parler de « circonstances familiales » pour évoquer la grossesse de leur femme, de « vie privée sous-représentée » quand ils viennent d'envoyer paître leur dernier ami et, dans les cas extrêmes, d'un « trou dans les effectifs » quand leur meilleure collègue vient de succomber à un cancer.

Le parler caricatural de l'entreprise les empêche de comprendre ce qu'ils ressentent, d'où une question que je pose souvent en entretien : « Si ce que vous venez de décrire avec ce vocabulaire technique était interprété par des acteurs dans un film, qu'est-ce que les spectateurs verraient sur l'écran ? » Cette approche les remet en contact avec leurs émotions, avec ce qu'est leur nature profonde, quand la folie de l'entreprise ne la pervertit pas.

La rapidité avec laquelle les habitudes d'une entreprise déteignent sur un nouveau collaborateur me stupéfie toujours. Les premières semaines, il hésite encore à jouer le jeu, à adopter les tics de la maison, par exemple à embrasser ses collègues *tous* les matins ou *à chaque fois* qu'il entre dans un autre bureau que le sien (ce qui se fait dans beaucoup d'endroits). Un an plus tard, si je croise le même client sur un salon professionnel, c'est tout juste s'il ne me saute pas au cou.

La sève qui monte dans le tronc de l'arbre gagne les branches et pénètre jusqu'à la pointe des feuilles.

> **Règlement intérieur de l'asile – art. 6 :** Les collaborateurs ont le droit de dire : « Ça, c'est typique de la boîte ! », mais seulement s'ils se regardent en même temps dans une glace.

2

Hop, dans la camisole ! Du postulant à l'interné

Devinette : qu'ont en commun le loto national et le recrutement de personnel façon maison de fous ? Réponse : leurs résultats, tout aussi hasardeux pour l'un que pour l'autre. Dans ce chapitre, vous découvrirez…

- pourquoi « recrutement du personnel » n'est qu'une autre façon de dire « c'est mon bon plaisir » ;
- ce qui se passe dans les coulisses d'une entreprise avant qu'un postulant devienne un interné ;
- et pourquoi recruter le bon candidat est si souvent voué à l'échec.

La discrimination à l'embauche est une pratique courante en France. Les témoignages affluent, mais comme il est très difficile de la prouver, beaucoup d'entreprises nient cette pratique… jusqu'à leur condamnation par les tribunaux[8].

« Nous ne pouvons donner une suite favorable à votre candidature, car vous êtes noir(e) ou maghrébin(e), ou trop moche, ou trop gros(se), ou trop âgé(e), ou handicapé(e), ou vous habitez en banlieue. » : évidemment, jamais vous ne recevrez une telle lettre, car la vraie raison du refus est dissimulée derrière une lettre type, dans laquelle l'entreprise vous fait part de ses « regrets, malgré tout l'intérêt de votre candidature ».

Rarement utilisée, la méthode du *testing* appliquée par l'Observatoire des discriminations en apporte la preuve accablante : selon des études réalisées avec l'Université de Paris-1, dans lesquelles six candidats fictifs présentaient des CV similaires et répondaient à 300 offres d'emplois en moyenne, un candidat handicapé reçoit 15 fois moins de réponses positives qu'un candidat de référence, un homme d'origine marocaine 5 fois moins, un candidat de 50 ans près de 4 fois moins, et mieux vaut ne pas avoir d'enfants si l'on est une femme. Dans le cas d'une femme au nom à consonance maghrébine, la discrimination persiste même en cas de CV manifestement meilleur[9].

Alors, si vous n'êtes pas « BBR » (bleu-blanc-rouge, code utilisé par les maisons de fous qui jugent les candidats sur leur apparence plutôt que leurs compétences), et que vous recevez une lettre type de refus truffée d'erreurs sur votre personne (on vous appelle madame alors que vous arborez une superbe moustache ou vous n'êtes pas « assez mobile » alors que vous mentionnez trois fois votre permis B…), n'ayez aucun regret : quand l'absence d'éthique commence à la porte de l'entreprise, le pire est à craindre pour la suite.

Objet : L'entretien que je n'ai pas eu a beaucoup plu

En juillet dernier, j'ai postulé dans une entreprise du secteur de l'énergie. Je suis restée quatre semaines sans nouvelles. Au bout de ce temps, je me manifestai par téléphone sous prétexte de m'assurer que mon dossier était bien parvenu au service concerné. Depuis que ces derniers mois, plusieurs entreprises m'ont sèchement envoyée promener sur un : « Vous pourriez être un peu patiente ! Vous n'êtes pas la seule candidate ! », j'attends sans piper mot.

Au bout de cinq semaines, une grosse enveloppe à en-tête de l'entreprise en question a atterri dans ma boîte à lettres. J'ai pris connaissance de son contenu avec un étonnement grandissant. La direction des ressources humaines me remerciait de « l'intéressant entretien » que nous avions eu. « Vos qualités professionnelles et personnelles ont retenu toute notre attention », précisait-elle plus loin, en dépit de quoi leur choix s'était porté sur un autre candidat.

Je sais bien que les lettres de refus sont rarement autre chose qu'une succession de phrases toutes faites, mais prétendre qu'un entretien qui n'a pas eu lieu ait été une occasion d'apprécier mon profil, c'est tout de même le comble de l'hypocrisie.

Je me demande encore pourquoi je n'ai pas répondu : « Je vous remercie vivement pour le contrat de travail que vous m'avez fait parvenir. Malheureusement, mon choix s'est porté sur une autre entreprise. »

Sophie L., économiste

> **Règlement intérieur de l'asile – art. 7 :** Le refus d'une candidature peut reposer à 99 % sur des préjugés (ça ne dérangera personne), mais pas une seule petite miette ne doit en transparaître dans la lettre de refus (sinon c'est le procès).

LA MASCARADE DE L'OBJECTIVITÉ

Derrière l'objectivité de mise, toujours affichée, se cache souvent un dangereux mélange de fumisterie et d'arbitraire. J'entends chaque jour parler de décisions d'embauche que ne motivent nullement les qualifications d'un postulant, seulement les *a priori* d'une maison de fous.

Je connais ainsi une PME qui, par principe, n'embauche jamais de demandeurs d'emploi. Plutôt, ne serait-ce que de jeter un œil sur les propositions de Pôle emploi, elle préfère passer des annonces à grands frais ou laisser un poste vacant. « Avec les délais de préavis actuels, m'a expliqué un jour le patron, n'importe qui a largement le temps de chercher un nouveau job. Ceux qui n'y arrivent pas manquent simplement de motivation. Et des candidats comme ça, on n'en a pas besoin ».

Vous trouvez le raisonnement idiot ? Il l'est. D'autant que cette entreprise a elle-même licencié des collaborateurs du jour au lendemain, sans délais de préavis et sans se soucier de savoir comment ils allaient se recaser. Le cas n'est pas isolé. Les entreprises qui n'embauchent les demandeurs d'emploi qu'avec des pincettes sont légion. Demandez aux premiers intéressés.

Autre exemple d'arbitraire, il y a quelque temps de cela, j'ai recommandé une biochimiste à une entreprise pharmaceutique dont je connaissais le DRH depuis des années. Ses qualités relationnelles, son CV, elle correspondait parfaitement au profil du poste, d'où mon étonnement, quelques semaines plus tard, lorsqu'elle m'apprit que le premier entretien s'était extrêmement bien passé mais qu'elle avait néanmoins essuyé un refus.

J'ai appelé le DRH. Il s'est répandu en excuses. Ma cliente, m'assura-t-il, était de loin la meilleure candidate, mais le directeur du service avait opposé un refus catégorique à son embauche : « Elle est mariée, elle a 32 ans, le risque qu'elle nous pose un congé maternité est beaucoup trop grand. » Les motifs réels de son rejet ne figuraient évidemment pas dans la lettre qu'avait reçue la jeune femme.

Les préjugés concernent tous les niveaux hiérarchiques. Une PME avec laquelle j'ai été en contact est réputée pour sa détestation des diplômes universitaires. Tout postulant titulaire d'un doctorat ou d'un MBA est systématiquement catalogué de « bon qu'à rester le nez dans ses bouquins » et exclu de la compétition, même si l'entreprise aurait tout à gagner à l'embaucher. Dans d'autres entreprises, c'est l'inverse, impossible pour un candidat d'accéder au moindre poste d'encadrement sans un titre ronflant ou le diplôme d'une grande école, aussi brillant soit-il ou quelque expérience du *management* qu'il ait par ailleurs.

Chaque entreprise a ses propres grilles de recrutement et ses propres croyances. Dans une maison de fous, il sera bien vu d'avoir séjourné plusieurs mois à l'étranger ; dans une autre, ce sera considéré comme une « digression inutile ». Telle entreprise apprécie les candidats qui ont empilé les formations, telle autre estime que ce sont des paresseux qui ne savent pas ce qu'ils veulent.

Comment ces critères occultes sont-ils définis ? Le parcours personnel du *top manager* fournit un bon indice.

Si au sommet de la maison de fous siège un ingénieur qui a fait ses études ou exercé à l'étranger, les candidats susceptibles d'attester d'un parcours identique ont toutes leurs chances, ceux qui n'ont jamais franchi les frontières de l'hexagone ou choisi d'étudier les sciences humaines, aucune. Là où un autodidacte préside aux destinées de l'entreprise, les adeptes des chemins de traverse auront d'emblée une bonne longueur d'avance sur le premier surdiplômé venu. Et si c'est un homme qui tient les rênes, les effectifs compteront plus d'hommes que de femmes[10].

Beaucoup de maisons de fous ont pour principe secret de n'embaucher que des candidats qui leur ressemblent comme deux gouttes d'eau. Ce mode de recrutement est à peu près aussi sensé que si, devenu entraîneur, un ancien attaquant de football constituait une équipe composée uniquement d'attaquants et n'engageait par la suite que des attaquants et encore des attaquants, aucun gardien de but, aucun défenseur, aucun milieu de terrain. Rien que des attaquants.

Pourquoi les entreprises ont-elles été inventées ? Parce que les forces et les faiblesses d'individus qui travaillent ensemble se complètent. La rigueur de l'un associée à l'esprit d'initiative, la fantaisie ou l'aptitude à travailler en équipe de l'autre peut faire merveille.

C'est précisément sa polychromie, son hétérogénéité, ses formes multiples et sa capacité à fédérer cette diversité, qui font la force du personnel d'une entreprise. Onze avant-centres auront beau se démener sur un terrain, ils ne réussiront qu'à encaisser un but après l'autre. Tous les entraîneurs de foot le savent. Les patrons de maisons de fous pas encore.

Objet : Comment le marathon m'a valu d'être embauché

En réalité, je n'attendais pas grand-chose de cette candidature. L'entreprise, un traiteur, recherchait un comptable ayant « plusieurs années d'expérience ». Je n'avais que 14 mois à mon actif. Je fus d'autant plus surpris d'être convoqué à un premier entretien.

J'ai parlé avec le gérant de ce que j'avais fait jusque-là pendant une quinzaine de minutes, puis il a changé de sujet. « Je vois dans votre CV que vous faites du marathon, me dit-il. Je peux vous demander quel est votre meilleur temps ? » Quand j'ai répondu 3 h 40, un éclair a brillé dans ses yeux. Il m'a alors expliqué que l'entreprise avait une équipe de marathon et nous sommes partis dans une discussion à bâtons rompus sur la course à pied.

À ma consternation. Car en fin de compte, l'entretien s'est terminé sans que j'aie pu en dire plus long sur mes capacités professionnelles.

Je suis rentré chez moi en me maudissant. J'avais beaucoup parlé de marathon et très peu de ce que je savais faire. L'entretien avait été agréable, mais j'étais passé à côté de l'essentiel. Je m'attendais à être recalé.

Deux jours plus tard, j'ai reçu un appel du gérant me demandant de passer signer mon contrat. Il n'y a même pas eu de second entretien. Pour l'essentiel, ma première semaine de travail s'est résumée à participer le soir à l'entraînement de marathon de l'entreprise.

Depuis, j'ai appris que le patron, lui-même marathonien, privilégiait systématiquement les coureurs de marathon – à l'embauche, lors des promotions et jusque dans le choix de ses intimes. Une chance pour moi, et pas de chance pour tous ceux qui par malheur ne courent pas.

Jean-Philippe M., comptable

Règlement intérieur de l'asile – art. 8 : Toujours privilégier le recrutement de candidats qui ressemblent tellement au personnel en place que l'on pourrait presque se dispenser de leurs services – et dont on peut être sûr qu'ils n'apporteront aucun changement.

L'ART DE TOMBER À CÔTÉ

L'un de mes clients ne cesse de m'étonner. Ingénieur électricien, il trouve toujours à se faire embaucher en moins de temps qu'il ne faut pour le dire, et toujours dans des entreprises de renom. Son *press-book* est pourtant difficile à placer. Ses références professionnelles, plus que mitigées. Il change d'employeur trop souvent. Et il reste de moins en moins longtemps dans une même entreprise, ce qui devrait alerter les DRH.

Mais mon client possède un atout que personne ne peut manquer de remarquer : son nom, un beau nom à rallonge et à particule, et la notoriété qui va avec. Effet classique d'éblouissement, erreur de perception : tout le reste s'en trouve éclipsé.

L'erreur est-elle intrinsèque à l'acte d'embauche ? Les responsables du recrutement ne maîtrisent-ils pas leur sujet ? Serait-ce par cette faille que la folie s'invite dans les entreprises ?

Conseiller d'entreprise de renom, le professeur Jörg Knoblauch parle pour sa part de « roulette du recrutement ». Dans un ouvrage paru en 2010[11], il dénonce des procédures arbitraires : « La plupart du temps, la direction des ressources humaines ignore comment mettre en place un référentiel de recrutement, observe-t-il. En admettant qu'elle ait à portée de main quelques ouvrages spécialisés sur le sujet, ils ne proposeront rien de plus que quelques questions standard d'entretien de sélection. Et même, personne n'a jamais la curiosité d'y jeter un œil, encore moins d'essayer de mettre en pratique ce qu'ils conseillent. »

Knoblauch répertorie six croyances qui induisent les entreprises en erreur. Première croyance : « Le principal est qu'on s'entende bien. » Ce point de vue a pour effet que ce ne sont pas ses capacités professionnelles qui distinguent un candidat, mais ses points communs avec le recruteur : « Ah ? Vous êtes de Montpellier ? Mes beaux-parents y vivent… Quelle belle ville. »

Pas sûr que l'on déniche ainsi la perle rare, conclut en substance Knoblauch, à moins que l'on dirige une entreprise qui propose des visites organisées de Montpellier.

Les autres croyances que démonte Jörg Knoblauch révèlent des abîmes de naïveté. Les entreprises confondent ce que le candidat montre de lui avec sa vraie personnalité ; elles déduisent des qualités de sa photo comme si elles étaient écrites sur sa figure ; elles préfèrent se fier à leur intuition plutôt que juger selon des critères rigoureux. Et elles n'ont pas peur de faire de la psychologie de comptoir, par exemple en interrogeant le postulant sur l'animal qu'il aimerait être. Si celui-ci se compare à un loup, ironise Knoblauch, on lui prêtera aussitôt une aptitude remarquable à travailler en équipe, car c'est bien connu, le loup est un animal qui vit en meute.

D'après une étude de la société de conseil aux entreprises DDI International, de nombreux directeurs du personnel ignoreraient jusqu'au B.A.-BA de leur métier ; ils ne feraient pas la distinction entre les questions autorisées et les questions prohibées par le *Code du Travail*[12]. Ainsi, les recruteurs français n'hésitent pas à poser des questions sur l'âge des candidats (96 % pensent que cette question est légale) et sur leur situation maritale (88 % pensent que cette question est légale).

« Chez les cadres ce sont surtout les femmes qui sont victimes de questions indiscrètes, notamment quant à leur situation matrimoniale ou leurs projets de grossesse, ce qui est bien sûr

illégal », indique Vanessa Walch, avocate au barreau des Hauts-de-Seine[13].

Le *Code du Travail* protège les salariés contre les questions indiscrètes : un recruteur n'a pas le droit de vous interroger sur votre sexualité, votre vie matrimoniale, votre religion, vos opinions politiques, ni de vous demander si vous êtes syndiqué[14]. Si cela vous arrivait, commencez par vous demander si vous avez vraiment envie de travailler pour un employeur qui souhaite étendre son pouvoir jusqu'à votre vie privée… Si oui, il est toujours possible d'éluder la question (« C'est important pour le poste ? ») ou de la retourner (« Et vous, combien d'enfants ? »). Sinon, à condition de pouvoir le prouver (déclencher la fonction enregistrement de votre téléphone discrètement n'est pas facile !), vous pouvez toujours vous adresser au tribunal de grande instance.

> **Règlement intérieur de l'asile – art. 9 :** Les DRH ont compris depuis longtemps qu'ils ne devaient pas prendre de décisions au *feeling*. Désormais, des méthodes plus modernes sont pratiquées. Par exemple la lecture dans le marc de café.

LE GRAND NUMÉRO DE L'ENTRETIEN D'EMBAUCHE

Condition première à remplir pour qu'une entreprise-maison de fous admette un nouveau patient ? Il suffit qu'une cellule soit libre, autrement dit qu'un poste de travail soit vacant. Tantôt le précédent occupant a pris la poudre d'escampette, tantôt il s'en est allé jouir d'une retraite bien méritée. Il est également possible que la cellule soit flambant neuve et n'ait donc jamais été occupée.

Tandis qu'il ne viendrait jamais à l'esprit d'un vrai psychiatre d'interner quelqu'un sous prétexte qu'un lit vient de se libérer, les entreprises-maisons de fous procèdent précisément selon ce principe : elles ne cherchent pas des emplois pour des personnes, elles cherchent des personnes pour des emplois. La différence est de taille.

Mettre l'individu au cœur du processus de recrutement permet d'identifier ses forces et ses faiblesses et de définir un profil de poste taillé sur mesure. S'il s'agit uniquement de boucher un trou dans l'effectif, c'est l'inverse qui se produit : le postulant taille, rabote et se censure jusqu'à ce qu'il paraisse idéalement correspondre au poste.

L'entretien d'embauche est un double numéro de triche. La maison de fous camoufle soigneusement sa folie et le postulant tout aussi soigneusement ses points faibles.

Connaissez-vous une entreprise dont le PDG déclarerait *tout de go* : « Votre prédécesseur croulait sous le travail. Il laisse une montagne de dossiers en retard d'environ 150 km de haut. Et votre futur N + 1 – le charmant monsieur qui est en train de vous servir un café –, quand il pique une colère, tous les murs de la maison tremblent. »

Non, les entreprises sont comme la sorcière de l'histoire d'Hansel et Gretel. Elles se parent d'une belle façade tout sucre tout miel pour attirer les postulants. Lisez-donc une offre de poste rédigée par votre entreprise. Je parie que ce morceau choisi d'autocélébration vous fera penser à tout, sauf à la boîte dans laquelle vous bossez.

Toutes les entreprises qui existent depuis un peu plus long-temps qu'une journée se posent en « maison de tradition », comme si les contrats de travail duraient éternellement. N'importe quelle petite officine dont le rayon d'action s'arrête aux limites du canton se targue d'agir à l'international, même si les seules choses qu'elle ait jamais importées sont les cacahouètes du pot de fin d'année. Et la première belle endormie venue, dont la dernière innovation date de Mathusalem, se vante d'être « innovante et ouverte à toutes les opportunités ».

Mais sans doute ne connaissez-vous pas non plus de postulant qui dirait *tout de go* : « Ces douze mois de formation qui vous impressionnent tant, eh bien en fait, ce sont douze mois de chômage. Mon expérience professionnelle ? Une suite de fiascos. Et mon dernier patron était tellement nul que je l'appelais Supercrétin. D'autres questions ? »

Les deux parties, la maison de fous et le postulant, se présentent sous leur meilleur jour. Cela sonne mieux que : « Ils mentent comme des arracheurs de dents », mais cela veut dire la même chose.

Décider qu'un candidat franchit, ou pas, les premières éliminatoires dépend du bon vouloir des recruteurs. Ils passent une annonce, font leur marché parmi les milliers de dossiers qu'ils reçoivent et convoquent les élus à un premier entretien d'évaluation. Puis ils trient le bon grain de l'ivraie, en d'autres mots, ils éliminent. Au lieu de se concentrer sur les points forts d'un postulant, au lieu de chercher à repérer ce qu'il a de *positif*, ils se focalisent sur les arguments contraires. Quiconque s'écarte de la norme, ne serait-ce que d'un centimètre, est éjecté de la compétition.

Cette méthode a deux conséquences : le projecteur qui ne recherche que les points faibles écrase de sa lumière les points forts du postulant. Or ce sont ces points forts qui présenteraient de l'intérêt pour l'entreprise.

Deuxième conséquence, les critères retenus pour opérer le tri viennent tout droit de la meilleure psychologie de bazar. Le passé du candidat est scruté comme une boule de cristal, comme si l'avenir était inscrit dedans.

Un critère jouit d'une excellente cote : le temps passé dans une entreprise. Quiconque n'est pas resté plus de deux ans au service de son dernier employeur est suspecté d'instabilité. Le risque qu'il démissionne après-demain est grand. Et hop, son dossier atterrit sur la pile « ne convient pas ».

Comble de l'absurde, l'inverse produit les mêmes effets. Si jamais un candidat est resté plus de dix ans dans une même entreprise, c'est son *immobilisme* qui paraît alors suspect et inquiète le recruteur. Le candidat doit être un fieffé paresseux. Ou alors il n'a jamais trouvé à changer parce qu'il n'a rien à offrir. Et hop, son dossier atterrit lui aussi sur la pile « ne convient pas ».

Et ainsi de suite, jusqu'à ce que ne reste plus que la candidature la plus lisse parmi les plus lisses. Et que triomphe le moyen, le sans aspérité.

Cette méthode de sélection des CV est parfaitement arbitraire. Un candidat qui aime le changement peut être précisément ce qui conviendrait à une entreprise donnée. Ou bien c'est justement parce qu'il n'a jusque-là jamais occupé longtemps un poste qu'il aspire à un emploi stable.

Et si un salarié est resté longtemps dans une entreprise, peut-être est-ce parce que son employeur l'a retenu en lui offrant de l'avancement et des augmentations de salaire, précisément parce qu'il était considéré comme un collaborateur précieux mais… mobile. Cette loyauté n'est-elle pas ce dont rêve toute entreprise ?

Durant l'entretien de sélection, le recruteur utilise un outil psychologique pour découvrir ce qui se cache derrière la façade du postulant : ses questions pointues.

Il va par exemple tenter de feinter le candidat avec des questions projectives du style : « Que me raconteraient vos amis sur vous ? » ou bien : « Que pensent vos collègues de votre chef ? ». Comme si le postulant ne savait pas qu'il participait à un entretien de sélection ! Comme s'il allait révéler que ses amis louaient son impressionnante résistance à l'alcool, que le jeu préféré de ses collègues était de lancer des fléchettes entre les deux yeux du patron – et que c'était chez lui que ces fêtards se retrouvaient.

C'est ridicule. Les questions calculées sont contrées par des réponses calculées, jusqu'à ce que le recruteur soit sûr d'avoir déniché un futur collaborateur formidable pour le service lambda.

Le *summum* de la mascarade n'est cependant pas encore atteint. Le dernier mot, la décision d'admission dans la maison de fous, ce n'est pas le DRH qui l'a. Il n'est qu'un exécutant qui présente sa présélection au chef de service. Celui-ci, recruteur amateur, peut en dernier ressort accepter ou refuser. C'est comme si ce n'était pas un médecin qui prenait la décision de faire admettre un malade à l'hôpital, mais le conducteur de l'ambulance.

Les directeurs de service sont nombreux à faire fi des conseils des recruteurs. Des procédures longues et complexes se terminent parfois de façon pour le moins déconcertante. Il peut ainsi arriver qu'un chef de service refuse tous les candidats proposés pour débaucher le personnel dont il a besoin dans le service voisin. Ou bien qu'il embauche un ancien stagiaire dont on ne se souvient de rien si ce n'est qu'il n'a pas fait sauter la boutique.

L'admission a réussi. La porte de la cellule se referme. Désormais, tout ce qui va se jouer derrière la façade sera avalé par les solides murs de l'asile.

Objet : Personne ne m'attendait pour mon premier jour

Deux entretiens avaient suffi : le directeur technique (d'une SARL de technique solaire) me voulait. Un seul point le contrariait, le long préavis de six mois auquel j'étais tenu. Il voulait que je commence au début du trimestre suivant. Tout jour de moins à attendre sera un jour gagné, avait-il insisté.

Nous sommes convenus d'un arrangement : j'ai signé un contrat de travail qui prenait effet six mois plus tard, pour me garantir, puis j'ai donné ma démission à mon ancienne entreprise et négocié un départ anticipé. Les discussions ont été âpres. Pour finir, j'ai renoncé à une partie de ma prime pour pouvoir partir trois mois plus tôt. Mon nouvel employeur s'est félicité de mon arrivée prochaine.

Premier jour de travail, je me présente et là, stupeur : le directeur technique est absent et aucun de ses collaborateurs n'est au courant de l'embauche d'un nouveau salarié. Je n'ai pas de bureau, pas de table, pas d'ordinateur. J'ai l'air d'un touriste égaré.

Un collègue me donne quelques documents à lire, histoire de m'informer. Je m'installe avec à la table des visiteurs, dans le couloir, en face de la machine à café. Tous les gens qui passent me regardent comme une bête curieuse. Personne ne me présente à personne.

Le lendemain, mon nouveau patron est de retour. Il avait tout simplement oublié – ah, désolé ! – que j'arrivais trois mois plus tôt. Trouver une table où m'installer fut rapide. En revanche, il a fallu quatre bonnes semaines pour que je dispose d'un ordinateur et d'une connexion Internet. L'entreprise a pris tout son temps. Et j'avais sacrifié ma prime pour commencer plus tôt !

Pour couronner le tout, à la fin du mois, je n'ai vu tomber aucun salaire. J'ai attendu deux semaines avant de poser des questions (quand on est nouveau, on n'a pas envie de passer pour quelqu'un d'intéressé). Résultat de mes investigations : le service du personnel n'avait comme document que le contrat avec la première date d'entrée en fonction. Il a fallu le modifier et le faire signer par le patron. Quand l'argent a enfin été débloqué, le mois suivant était commencé. Et mon compte courant était à découvert.

Paul B., ingénieur mécanicien

Règlement intérieur de l'asile – art. 10 : Le profil d'un poste mérite d'être préservé : on ne l'adapte jamais à un salarié. Les salariés ne doivent pas être préservés : ils doivent être adaptés au profil des postes (les verbes « retailler » et « amputer » sont interdits dans ce contexte).

CERTITUDES ET FAUSSES IDÉES : HABITUDE, HABITUDE, QUAND TU NOUS TIENS !

Mais à quoi tient donc l'échec de la politique de recrutement des entreprises-maisons de fous ? Un livre très intelligent du professeur de *management* à l'Université de Stanford Robert Sutton identifie plusieurs causes. Le titre *Faits et foutaises dans le management, méthode systématique pour démolir les demi-vérités pernicieuses et croyances idiotes qui empoisonnent trop souvent la vie des entreprises* (Vuibert, 2007), est en soi un programme[15]. Sutton observe que la plupart des entreprises embauchent les mauvais candidats tout simplement parce qu'elles ne savent pas de qui elles ont *réellement* besoin.

Partant de ce constat, il préconise, non sans provocation, que les entreprises recrutent intentionnellement des collaborateurs qui ne correspondent pas tout à fait à leurs besoins – et qui une fois embauchés ne s'adaptent pas tout à fait. Or, dans la pratique, c'est l'inverse qui se produit. Les entreprises considèrent qu'un nouveau collaborateur n'est pas totalement opérationnel tant qu'il n'a pas franchi le parcours du combattant de leur tunnel d'adaptation, tant qu'il n'a pas intégré le modèle « vieux salarié » et tant qu'il ne connaît pas par cœur la *Bible* maison. Il doit tout adopter de son nouveau patron, sa façon de penser, de travailler, de parler.

Les employeurs s'imaginent que la science infuse fait définitivement partie de leurs acquis. Dès lors, tout mode de fonctionnement, toute démarche intellectuelle dissidente qu'un nouveau collaborateur risquerait d'introduire sont perçus comme des aberrations qu'il importe de vigoureusement combattre durant la période d'essai – si tant est qu'une copie conforme des salariés en place n'ait pas déjà gagné la course à l'embauche.

À adaptation rapide, reconnaissance rapide. Un collaborateur qui, au bout de quatre mois, ne se différencie plus en rien de ses collègues installés de longue date se voit parer de grandes facultés de « compréhension » et « d'intégration », ce qui peut valoir l'honneur d'une période d'essai raccourcie. À l'opposé, le nouveau qui peine à s'enthousiasmer pour le rôle de caméléon est vite taxé d'« enquiquineur », d'« individualiste » ou de « trouble-fête ».

Quelle bêtise ! Comment une entreprise peut-elle espérer se renouveler si tout nouvel embauché est obligé de marcher dans les traces de ceux qui sont passés avant lui ? Comment peut-elle espérer échapper à la routine si elle impose des œillères à ses nouveaux collaborateurs ?

L'intelligence voudrait qu'en même temps qu'elles embauchent de nouveaux collaborateurs, les entreprises ouvrent également leurs portes à de *nouvelles* idées, de *nouveaux* modes de fonctionnement, de *nouvelles* méthodes de travail. Elles devraient, non pas sanctionner, mais encourager les opinions différentes, les méthodes de travail différentes, les comportements différents. La stratégie porteuse de dynamisme et d'efficacité est là, pas dans la culture inverse.

Mais comment Sutton en arrive-t-il à conseiller d'embaucher des candidats dont les entreprises n'ont pas besoin ? Demandez à un alcoolique invétéré s'il a besoin de se faire soigner ? Il va vigoureusement en repousser l'idée. Et pourtant, bien sûr qu'il en a besoin, mais il se doute que l'introduction dans sa vie de ce *nouvel élément* va nécessairement entraîner des changements *désagréables*. Que ces changements soient bénéfiques, qu'il leur devra peut-être la vie, pour le moment, il n'en a pas conscience.

La « bouteille » à laquelle les entreprises-maisons de fous s'accrochent, ce sont leurs habitudes. Dans une culture où l'argent domine, ce qui est le cas de nombreux grands groupes de technologie, les postulants littéraires ont toutes les chances de se faire envoyer sur les roses. Ils disposent pourtant de compétences linguistiques et relationnelles qui enrichiraient notablement les schémas de pensée et d'action de l'entreprise.

À l'inverse, j'ai souvent rencontré des entreprises artistiques et culturelles qui sautaient d'une idée à l'autre sans se demander si cela en valait financièrement la peine. Ce type d'entreprise adepte de la fantaisie gagnerait beaucoup, notamment en termes de pérennité, à s'attacher les services d'une nouvelle recrue bien ancrée dans la réalité des chiffres, par exemple d'un contrôleur de gestion. Ce serait assurément l'affrontement de deux cultures, mais c'est précisément de la confrontation de points de vue contraires que peuvent émerger les idées enrichissantes.

Il est incompréhensible que les mêmes entreprises qui entretiennent leur parc de machines avec un soin jaloux injectent des sommes astronomiques dans le marketing et ne s'en remettent jamais au hasard, mais à des modèles mathématiques dès qu'il s'agit de calculs techniques, ces mêmes entreprises donc, gèrent leur recrutement avec autant de légèreté, d'impréparation et d'insouciance. Comme si la réussite d'une entreprise n'était pas essentiellement imputable à des hommes mais à des machines et des slogans publicitaires.

Le manque de considération dont jouit le service du personnel dans de nombreuses entreprises est un truisme. L'influence du directeur des ressources humaines est à peu près aussi déterminante dans un grand groupe que celle d'un sous-secrétaire d'État à l'aide aux pays en développement dans un gouvernement. Son domaine d'intervention n'est pas « sérieux ». Les ressources humaines s'entendent reprocher tous les jours de ne pas rapporter d'argent à l'entreprise, à la différence de tous les autres services, pire, d'en dépenser inconsidérément avec leurs perpétuelles suggestions de formation.

Pourtant, les ressources humaines sont l'axe de vie d'une entreprise. Si aucun sang neuf ne pénètre par cet axe, si la politique de recrutement échoue à attirer les grands talents ou n'est pas capable de les retenir en leur offrant matière à s'épanouir et progresser, alors une entreprise ne sera ni plus créative, ni plus rentable, ni meilleure que ses concurrents.

Objet : Comment un stagiaire m'a claqué la porte d'une entreprise au nez

Ma candidature auprès d'un fabricant de produits alimentaires bio m'a valu le refus le plus choquant de ma vie. J'avais manifesté mon intérêt pour un poste de chef de service. Or, j'ai reçu de l'entreprise la réponse suivante : « Le poste d'assistante marketing pour lequel vous avez postulé a été attribué à un autre candidat. » Jamais je n'avais postulé pour un emploi d'assistante marketing !

Pensant qu'il s'agissait d'un malentendu, je m'apprêtai à envoyer un mail au signataire de la lettre. En découvrant ses coordonnées, la colère m'a prise : stagiaire@StéX. Comment était-il possible qu'un stagiaire me ferme ainsi la porte de l'entreprise dans laquelle je souhaitais travailler ? Et cela alors même que mes capacités à prendre des responsabilités, diriger et encadrer une équipe sont reconnues dans mon petit secteur ?

Je n'ai pas envoyé de mail. Mais, depuis, je ne manque pas une occasion de dire ce que je pense de cet employeur autour de moi.

Bénédicte A., biologiste

Règlement intérieur de l'asile – art. 11 : Tout nouveau collaborateur sera rappelé à la raison au plus vite et guéri de ses
idées fixes. Par raison s'entend ce que l'entreprise a toujours
fait, par idées fixes ce que le nouvel embauché voudrait
introduire.

L'ASSESSMENT CENTER OU LA FOUTAISE ORGANISÉE

Une maison de fous qui se respecte n'embauche pas le
premier venu. Seuls les meilleurs d'entre tous ont accès au
saint des saints du travail. Mais comment diable s'y prendre
pour mettre la main avec certitude sur ces perles ? Parce
qu'à s'en remettre uniquement au dossier de candidature
et aux entretiens d'embauche, on court le risque de se faire
avoir par des escrocs à l'embauche et autres truqueurs de CV.

Dieu merci, le recrutement façon XXIe siècle a autre chose
à sa disposition que les vieilles méthodes obscurantistes de
l'ère préindustrielle. Un outil de sélection est entretemps
apparu, qui passe pour être au recrutement traditionnel ce
que l'avion est à la diligence : l'*assessment center*.

Dans cette méthode à prétentions scientifiques, ce n'est
plus ce que le candidat dit de lui qui est déterminant
mais son comportement dans des « situations » simulant la
réalité. Les candidats sont soumis à une batterie d'exercices
divers sous les yeux vigilants d'observateurs professionnels et autres psychologues. Chaque mot, chaque geste est
interprété et paré d'un haut pouvoir prédictif quant au
futur comportement au travail du candidat.

J'ai eu plusieurs fois l'occasion d'assister à un *assessment
center* en tant qu'observateur. Comment les choses se
déroulent-elles ? Il existe deux sortes d'exercices : les
exercices individuels, comme l'auto-présentation, où le

candidat intervient seul, et les exercices auxquels participent plusieurs candidats ensemble, comme la discussion de groupe.

Cette discussion est souvent ce qui fait pencher la balance. Un thème est imposé aux aspirants à l'internement, du style : « La crise financière actuelle présente-t-elle des opportunités ou est-elle essentiellement un désastre ? ». Puis, au premier coup de gong, la bagarre commence.

Aux observateurs installés autour du ring de compter les points. Celui qui s'empare d'emblée de la parole et la monopolise pendant le quart d'heure suivant est tout de suite taxé d'égoïste forcené et rayé de la liste. Celui qui hésite et vacille, défend tel point de vue puis tel autre, est un trouillard qui n'a pas le courage de ses opinions. En revanche, celui qui écoute en prenant l'air intelligent, exprime clairement son avis et, pour finir, introduit une solution constructive, est une personnalité de caractère, un génie de la communication, le héros du jour.

À deux petits couacs près. Premièrement, aucun des personnages sur le ring ne se comporte *naturellement*. Un enfant qui se sait surveillé par son instituteur ne va pas lancer de boule de neige à la figure de qui que ce soit. En revanche, dès que l'enseignant aura tourné les talons, il va y aller de bon cœur.

Les candidats peaufinent leur tactique. Le donneur de leçons, celui qui dans la vraie vie veut toujours avoir raison et balaye les opinions divergentes d'un revers de main, se donne un mal de chien pour impliquer les autres candidats dans la conversation (« Et toi ? Qu'en penses-tu ? »), pour orienter le débat vers un compromis (« Comment pourrions-nous nous entendre ? ») et pour s'empêcher de parler plus de 30 secondes d'affilée. Bien sûr, il interpelle les autres participants par leur nom car il sait que ça rapporte des points.

De même, la plupart des participants triturent et maquillent leur opinion jusqu'à ce qu'elle ouvre la bonne porte. Le candidat qui estime que la crise financière n'est que la juste punition d'industriels cupides et dénués de scrupules prenant des risques sur le dos de la communauté va bien se garder de défendre ce point de vue lors de l'*assessment center* d'une banque. Au lieu de cela, il va glisser un mot aimable sur les banquiers qui, dans leur grande majorité, sont des gens honnêtes et loyaux (« Je n'ai que de bons rapports avec ma banque ! »), essentiellement soucieux de répondre aux besoins de petits clients comme lui.

Dans cet aimable bazar, seuls les vrais timides, qui sur le plan professionnel et relationnel sont souvent les meilleurs, ne parviennent pas à tirer leur épingle du jeu. Ils ne savent pas d'un simple clic se transformer en moulins à paroles. Ils possèdent de grandes qualités (qu'un recruteur professionnel devrait remarquer), mais aucun talent pour se vendre (ce qui dans les procédures de recrutement pour la plupart des professions ne devrait jouer qu'un rôle tout à fait secondaire).

Tous les *assessment centers* sont des invitations à se travestir pour masquer ses faiblesses. Bien souvent, l'unique talent qu'ils permettent de détecter est une aptitude certaine à jouer la comédie. Ce qui n'empêche pas les entreprises ayant recours à cette méthode d'annoncer un taux de réussite aussi élevé qu'un professeur de mathématiques a de chances de tomber juste en additionnant 2 + 2.

Les vrais experts parviennent à un résultat tout autre et constatent à l'unisson que les entretiens classiques sont souvent plus fiables que les *assessment centers*[16], dont beaucoup pèchent par manque de sérieux. Les exercices sont irréalistes et sans rapport avec les tâches du poste à pourvoir. Leur préparation est traitée en dilettante, sans méthodologie, et les sessions animées sans rigueur. Les critères de sélection retenus aboutissent souvent au recrutement de clones du personnel en place au lieu de favoriser l'apport de sang neuf.

Une de mes clientes, DRH d'un groupe de médias, a fait de nécessité vertu : « Pour ma part, j'observe ce qui n'intéresse absolument pas la plupart de mes collègues : ce qui se passe *entre* les exercices. La façon dont les candidats se comportent entre eux *avant* que le coup d'envoi soit donné, par exemple dans quel ordre ils se présentent à un exercice individuel. La situation leur paraît anodine, ils ne pensent pas que leur comportement puisse porter à conséquence et je peux effectivement découvrir quelque chose de leur personnalité. Ensuite ils portent un masque, cela n'a plus d'intérêt. Nous organisons tout ce cinéma uniquement parce que la direction considère que ça fait moderne. »

Cette réflexion pointe une stratégie favorite des entreprises-maisons de fous : elles adorent donner une apparence rationnelle à leurs démarches irrationnelles… même si le mode de recrutement qu'elles prétendent scientifique est surtout de l'amateurisme.

> **Règlement intérieur de l'asile   art. 12 :** Qui commet de graves erreurs de recrutement a besoin de solides arguments. L'un de ces arguments est l'*assessment center*.

3

Les règles secrètes de l'asile

L e client n'est pas roi, l'organigramme traité par-dessus la jambe et la voie hiérarchique sont seulement là pour donner le change. Ce chapitre lève le voile sur le fonctionnement occulte des maisons de fous. L'occasion de découvrir…

- pourquoi les postes mis au recrutement sont toujours déjà attribués ;
- pourquoi on choisit de ne pas s'occuper des clients ;
- pourquoi les experts ne sont pas convoqués aux réunions ;
- et comment la folie criminelle d'une entreprise a failli détruire le centre historique d'une grande ville.

DANS LA JUNGLE

Les voies décisionnelles sont au sein de certaines entreprises tellement tortueuses qu'en comparaison la forêt vierge amazonienne est aussi transparente qu'un joli jardin public bien peigné. La voie hiérarchique est réduite à sa plus simple expression. Officiellement, elle est certes la voie décisionnelle royale, mais au quotidien, les décisions importantes empruntent des sentiers informels. Une réalité qui n'apparaît pas dans l'organigramme.

L'organigramme ! Il fait miroiter un ordre qui n'existe pas, un haut et un bas clairement définis, un parcours décisionnel nettement balisé, comme si les décisions suivaient sans faillir la voie hiérarchique. Les maisons de fous sont très soucieuses de donner une apparence de rigueur à leur fonctionnement interne et de rationalité à leurs décisions.

Ça, c'est sur le papier. En réalité, le pouvoir appartient à celui qui est suffisamment rapide, habile et dénué de scrupules pour s'en emparer ; à celui qui réussit à imposer sa volonté sur celle des autres. Un jeu sans frontières hiérarchiques.

Il arrive ainsi que des maisons de fous ne soient pas dirigées par leur directeur et que des services ne le soient pas par leur chef. Je connais par exemple un fabricant de semi-conducteurs dont le patron n'a pas le feu vert pour le buffet du pot de fin d'année tant que son assistante n'a pas donné son accord d'un hochement de tête. C'est sa boussole, raconte-t-on dans la maison. Elle écoute radio-couloir, se fait son opinion sur les collaborateurs, persuade le patron d'une chose, le dissuade d'une autre. Et elle règne sur son agenda. Pas de rendez-vous avec le grand patron si elle fait barrage. Sans elle – qui figure tout juste dans l'organigramme – rien ne se fait dans l'entreprise.

Aux dires d'un collaborateur : « Peu importe ce que son assistante met dans le parapheur, il signe sans lire. Mais si elle fronce les sourcils et dit : "Là, il faut que j'en parle d'abord avec Monsieur Z.", on peut être sûr que l'affaire est pliée. »

On voit même le patron se faire discrètement briefer par son assistante avant d'entamer d'importantes négociations, comme un gamin lent à comprendre se fait répéter les réponses qu'il doit donner. Ce n'est sans doute pas sans raisons que c'est la quatrième entreprise où elle le suit.

L'importance du secrétariat n'est pas un secret pour tout le monde. Les collaborateurs sont nombreux, qui font des acrobaties pour se maintenir dans les bonnes grâces de la dame. Personne ne reçoit de plus beaux cadeaux d'anniversaire, de plus charmants compliments, ni un plus grand nombre d'invitations à déjeuner que la grande chef de l'antichambre.

La voie hiérarchique est un concept idéal qui ne résiste pas à la réalité. Cela vaut en toutes circonstances, même pour les réunions officielles. Ce ne sont pas des assemblées où l'on prend des décisions en grand comité, ce sont des assemblées où l'on fait adopter par un grand comité ce qui a été décidé plus tôt en petit comité.

« J'ai longtemps été crédule, se souvient l'une de mes clientes, qui travaille pour une grande entreprise dirigée par un staff américain. Je pensais que les débats étaient francs. Puis un jour, je me suis rendu compte que c'étaient justement les personnes qui se tenaient dans la salle longtemps avant la réunion et faisaient des messes basses qui faisaient front commun durant les sessions. Elles s'unissaient pour faire passer en force toutes les idées qui venaient de leur bord, et elles faisaient barrage à tout ce qui ne venait pas d'elles. »

Ma cliente a découvert par la suite que ce petit cercle se retrouvait toutes les deux semaines autour d'un verre. C'était là que les alliances pour les prochaines réunions se nouaient, que les décisions étaient prises, voire des informations confidentielles échangées, par exemple concernant les postes sur le point de se libérer, de sorte que les initiés pouvaient faire leur marché avant qu'une annonce n'éveille l'attention de la collectivité.

J'ai parfois l'impression que sur les dix offres de postes qu'une entreprise publie, onze sont déjà officieusement attribués. Les décisions sont prises à la cantine, à la machine à café, au club de tennis, au café. Pourtant, officiellement, la voie hiérarchique est respectée : s'il s'agit d'une grande entreprise, habituellement, une procédure de recrutement interne est organisée, puis une procédure de recrutement externe si aucun collaborateur correspondant au profil du poste à pourvoir n'est sorti du lot.

En réalité, à peu de choses près, le scénario se déroule comme suit : à 9 h du matin, un poste se libère. À 9 h 01, le chef du service décroche son téléphone et appelle son vieux complice de la salle de gym pour l'inviter à le retrouver à la cantine. À 12 h 40, les deux compères ont fait affaire entre les tomates-mozza et l'andouillette : le vieux complice a le job.

Reste maintenant à satisfaire aux apparences. Le chef du service transmet au DRH un profil de poste, qu'il a taillé sur mesure pour son favori. La recherche est lancée, les candidatures arrivent comme s'il en pleuvait. Mais, oh ! miracle, seulement une correspond pile-poil aux critères de l'annonce. Pour mettre toutes les chances de son côté, l'air de rien, le chef du service a glissé au DRH qu'il y avait, parmi les autres, un candidat particulièrement qualifié qu'il voulait absolument rencontrer…

Ainsi fait-on croire à une égalité des chances là où il n'y en a aucune. Ainsi organise-t-on des recrutements pour des postes déjà pourvus. Et ainsi la déraison et le bon plaisir prennent-ils le pas sur le droit commun.

Objet : J'ai été recrutée pour être licenciée

Pourquoi mes nouveaux collègues me traitèrent-ils dès le premier jour comme si j'avais la peste ? Pourquoi quand ils partaient à la cantine m'oubliaient-ils ? Pourquoi m'excluaient-ils des infos importantes ? Et pourquoi mon supérieur me rabaissait-il devant les autres ? C'était lui-même qui m'avait embauchée, il devait avoir à cœur que je réussisse ma période d'essai.

L'explication m'a été soufflée par une collègue : le chef avait promis le poste à l'un de ses copains, un ex-collègue qui travaillait dans un autre service. Les derniers postes vacants avaient été pourvus de cette façon. Le directeur du personnel n'avait pas du tout apprécié cette forme de copinage et le directeur du département avait été prié de bien vouloir, à l'avenir, recruter « en externe », d'où mon embauche.

...∕...

.../...

Mais mon boss n'avait pas dit son dernier mot. Il s'est exécuté pour manifester sa bonne volonté, mais avec la ferme intention de faire échouer l'expérience – ah, quel dommage ! – et de se voir contraint de trouver en catastrophe une solution de remplacement.

Ma période d'essai a été un enfer. À force d'être en butte aux critiques, j'ai perdu ma confiance en moi. J'ai fini par croire que j'étais aussi nulle et débile qu'on me le faisait sentir. Quand j'ai été licenciée, cela a été un soulagement.

Et qui m'a remplacée ? L'ex-collègue à qui le directeur du département avait promis le poste. Au pied levé et sans que personne ne s'en offusque.

Séverine de P., assistante technico-médicale

Règlement intérieur de l'asile – art. 13 : La voie hiérarchique est à l'entreprise ce que la voie lactée est à l'univers : un chemin pas réellement praticable.

LE CLIENT, CETTE CRÉATURE IMPORTUNE

La mission dont son nouvel employeur avait chargé le jeune web designer David R., 32 ans, était intéressante. Il devait faire, préalablement à une réunion interne, l'analyse critique du site Internet d'une entreprise, un gros distributeur d'électroménager. « Regardez ça avec un œil neuf et voyez ce qu'on pourrait améliorer ! », lui avait dit son N + 1.

Le jeune David R. fit ce qu'on lui avait demandé. Consciencieux, il ne s'intéressa pas au seul habillage du site mais également à son ergonomie : « J'ai fait tout simplement comme si j'étais un client qui avait un problème. »

Sa patience fut mise à rude épreuve : « La rubrique "Réclamation" était cachée dans les profondeurs des pages.

Quand, après avoir bien navigué, j'ai enfin trouvé, je ne suis pas tombé sur un numéro de téléphone ou une adresse mail, mais sur un questionnaire virtuel où il fallait cliquer sur des réponses. » À des questions générales (« Mon appareil ne fonctionne pas lors de sa première utilisation »), suivaient des réponses générales (« Veuillez vérifier que l'appareil est correctement relié au secteur, puis… »). David se sentit frustré.

Une fois ce premier parcours d'obstacle franchi, il accéda à la possibilité d'envoyer un message par mail. Il décrivit docilement son problème, en réponse de quoi il reçut un mail automatique proposant des liens supposés l'orienter vers les solutions adéquates, puis tout à la fin, une phrase de conclusion : « Si malgré ces informations, votre problème devait persister, veuillez contacter notre service consommateurs au… »

David R. appela la *hotline* : « Là, c'est une voix synthétique qui m'a répondu, pas une personne. Et c'est reparti pour un nouveau questionnaire : "S'agit-il d'un appareil neuf ? Répondez par oui ou par non." Etc. Si j'avais été un client, il y a longtemps que j'aurais raccroché et fichu l'appareil à la poubelle. »

Une petite éternité plus tard (« Si vous souhaitez un contact personnel avec un conseiller dites "oui" »), une pâle lumière apparut au bout du tunnel : « Veuillez patienter, nous vous mettons en relation avec un conseiller. » Las, tous les conseillers devaient être occupés car il dut encore patienter 17 minutes, en musique il est vrai, avant d'avoir une dame du soi-disant « SAV » au bout du fil.

David R. interrogea la salariée du centre d'appel sur l'interminable temps d'attente. « Ça énerve tous les clients ! répondit-elle. Nous ne sommes pas suffisamment nombreux, nous n'avons pas une minute pour souffler. Mais notre patron dit toujours que l'entreprise n'a pas de budget pour de nouvelles embauches. »

David R. décrivit ce parcours du combattant lors de la réunion. Il proposa de placer la rubrique « Réclamation » bien en vue sur la page d'accueil, d'afficher d'emblée un numéro de téléphone et de faire le nécessaire pour réduire le temps d'attente à moins d'une minute.

La réponse – un grand éclat de rire – fut aussi spontanée qu'unanime. Personne n'avait attendu du nouveau graphiste qu'il s'intéressât à autre chose qu'à l'esthétisme de la mise en page. Puis le responsable des ventes de l'entreprise commanditaire prit la parole : « Voulez-vous que je vous dise ? Les réclamations, moins nous en traitons, mieux nous nous portons. C'est avec les clients qui achètent que nous gagnons de l'argent, pas avec ceux qui râlent. Un appareil réparé est un appareil acheté en moins.

– Mais pourquoi un client mécontent reviendrait-il acheter chez vous ? objecta David R.

– Vous êtes allé voir comment ça se passait chez les autres ? répliqua le responsable des ventes avec un sourire condescendant. Le client n'a pas le choix. Là-dessus, on se serre tous les coudes. »

C'est une caractéristique de l'entreprise-maison de fous. Elle dépense des millions pour appâter les clients, puis une fois qu'ils ont mordu à l'hameçon, elle s'en soucie comme d'une guigne. Force est de constater qu'il existe deux catégories de clients : le client qui achète, et qui a toutes les grâces, et le client qui *a acheté*, et dont on voudrait bien ne plus jamais entendre parler, surtout s'il n'est pas content. Ces entreprises ne voient pas plus loin que leur tiroir-caisse.

> **Règlement intérieur de l'asile – art. 14 :** Vaquer à ses petites affaires tranquillement nécessite de court-circuiter trois empêcheurs de tourner en rond : les lois fiscales, les catastrophes naturelles et les clients.

« Ne quittez pas, un conseiller va répondre à votre appel dans quelques instants ». L'insupportable musique d'attente retentit pour la vingtième fois au moins. « Ne quittez pas… ». Miracle ! La bande sonore s'arrête. Et là, clac. On vous a raccroché au nez.

« Votre compte est en cours de traitement », affiche le site internet de l'opérateur de téléphone. Pourtant, lorsque vous avez (enfin) réussi à joindre quelqu'un du service assistance, la semaine dernière, après moult « ne quittez pas », on vous avait promis que sous 48 heures…

La télévision, la machine à laver est en panne ? Inutile de compter sur le service après-vente de ce distributeur, dont toute la communication est pourtant basée sur son efficacité : réparer est obsolète, de toute façon, les pièces ne sont jamais disponibles. En face d'un client trop insistant, les employés en arrivent même à faire semblant de téléphoner au « service technique » pour annoncer que « la pièce n'est plus fabriquée par le constructeur »[17]. Si un réparateur se déplace à domicile, ce sera pour expliquer que réparer coûtera plus cher qu'acheter un produit neuf[18]. Alors que les « extensions » de garantie fort chères se multiplient, de plus en plus de produits sont en réalité programmés pour tomber en panne… et inculquer au client le réflexe du rachat. On appelle cela « l'obsolescence programmée » [19].

Promesses non tenues, SAV injoignable, courriers sans réponses, retour de marchandises impossible, « conseillers » incompétents… les mauvais traitements infligés aux clients sont nombreux et, ne serait-ce que commercialement parlant, absurdes.

Ces déficits de service sont d'autant moins anodins qu'Internet offre aujourd'hui une formidable caisse de résonnance aux désagréments subis par les clients. Ce qui paraît dans les blogs et les forums peut toucher – et indigner – des millions de personnes. L'image d'une entreprise ou d'un produit a vite fait d'être clouée au pilori.

Une question mérite en outre d'être posée : les plaintes des clients doivent-elles uniquement être considérées sous l'angle des besoins du client ? Les entreprises ne devraient-elles pas plutôt considérer toute réclamation comme un retour, un indicateur, une aide précieuse pour optimiser leur offre, pour repérer l'origine de leurs erreurs et donc à terme être plus performantes ? Tout étudiant en marketing ne sait-il pas dès le premier trimestre que rien ne vaut le « contact direct » pour fidéliser un client ?

Les salariés des maisons de fous le savent aussi, mais ils adaptent leur travail à des lois non écrites, ainsi qu'une cliente me l'a récemment expliqué : « On peut, bien sûr, répondre plus en détail à chaque client. J'aimerais bien le faire. Mais comment atteindrais-je mon quota de contacts ? Et il y a autre chose : ce ne sont pas les clients qui me donnent de l'avancement. Ce ne sont pas eux qui m'augmentent. Ce ne sont pas eux non plus qui vont me signer une attestation de travail. Dans le doute, je satisfais celui qui a le plus d'importance pour moi : mon patron. »

Objet : Comment les idées de nos clients sont allées au panier

Notre entreprise a organisé un concours. Les clients devaient trouver un nom pour un nouveau produit. Le slogan de l'opération était : « Pas d'agence de publicité entre nous. Nos clients ont des idées, nos clients sont nos meilleurs conseillers. » Le gros lot, très alléchant, était un séjour d'une semaine pour deux personnes à Tahiti. Nous avons reçu des milliers de réponses.

Mais les cartes, les mails et leurs bonnes idées soigneusement rédigées prirent tous le même chemin : la corbeille à papiers. À l'heure du lancement du concours, le nom du nouveau produit, conçu par une agence de publicité, était déjà arrêté. Par la suite, cette même agence a lancé le produit sur le thème « l'idée de nos clients ».

Et qui a gagné le voyage ? Un gros client qui n'a pas participé au concours. Ses photos de vacances sont parues sur Internet et dans notre magazine destiné aux clients sous le titre : « Notre façon de remercier nos clients créatifs ».

Si les corbeilles à papier pouvaient parler…

Dorian F., assistant marketing

Règlement intérieur de l'asile – art. 15 : Un client qui a posé un problème à l'entreprise est un « client problème ».

DE LA RÉUNIONITE ET SES RAVAGES

Un jour, le feu a pris dans les combles de l'entreprise. Les flammes ont gagné l'étage inférieur, envahi le couloir et commencé à lécher la porte du bureau du président du directoire. Celui-ci, sans s'émouvoir, a appelé sa secrétaire par l'interphone : « Madame Moreau, convoquez s'il vous plaît la direction. Nous avons un problème urgent. »

Madame Moreau s'exécuta. Cinq minutes plus tard, alors que la fumée était déjà si épaisse qu'on voyait à peine à un mètre devant soi, les cinq membres de la direction prenaient place autour du patron.

« Alors, que faisons-nous ? attaqua le directeur général, nerveux.

– Comme d'habitude, répondit le président. On suit l'ordre du jour. »

Tous ouvrirent le compte rendu de la dernière séance de concertation et commencèrent à débattre des points secondaires qui devaient être réexaminés. Les flammes n'étaient pas loin de s'emparer de la table et de tous les dossiers qu'il y avait dessus quand la porte s'ouvrit à la volée sur quatre pompiers du poste de sécurité, lance à incendie prête à entrer en action à la main.

Le président, comme s'il avait fait la circulation au carrefour du coin toute sa vie, leva le bras et paume ouverte, les arrêta. Puis il toussa dans l'interphone : « Madame Moreau, des importuns ont pénétré dans la salle de réunion. Pourriez-vous faire sortir ces messieurs ? Je vous ferai savoir quand on en sera au point "Lutte contre l'incendie en cours" ».

Cette histoire, naturellement, est inventée. Mais elle n'est pas aussi fictive que cela. Elle recèle en effet trois observations directement empruntées à la réalité.

Les réunions ne font pas avancer, elles ralentissent

De nombreux *managers* pensent que plus il y a de réunions, mieux les problèmes sont traités. On pourrait tout aussi bien dire que plus on joue au loto, mieux on place son argent. Planifier un grand nombre de réunions n'est pas le signe d'une excellence de l'organisation, mais celui d'un *management* déficient[20]. La probabilité qu'une réunion débouche sur quelque chose est à peine supérieure à zéro.

Dans beaucoup de maisons de fous, la ritournelle universelle, « C'est bien que nous ayons pu en parler », justifie à elle seule l'organisation de réunions, qui par ailleurs finissent par devenir des substituts à l'action.

Je connais une compagnie d'assurances qui voulait lancer une nouvelle catégorie de produits ciblés sur les risques liés à la cybercriminalité. Ce domaine, encore ignoré par les assurances traditionnelles, promettait de belles perspectives de rentabilité. Le *management* convoqua donc le ban et l'arrière-ban à une grande réunion de « lancement ».

Et les débats commencèrent. Comme toujours dans les réunions, deux groupes se formèrent et, comme toujours dans les réunions, plus que de l'intérêt de l'entreprise, c'est de l'affirmation de l'ego des uns et des autres qu'il en alla. Les partisans des nouveaux produits minimisaient les risques du lancement, les opposants ne prédisaient pas moins que la faillite de l'entreprise.

Les deux parties mirent le paquet. Elles rédigèrent des thèses, analysèrent la concurrence, firent suivre des liens vers des articles édifiants. Les destinataires des mails devinrent de plus en plus nombreux, les débats dans les réunions de plus en plus vifs. Pas question de lâcher quoi que ce soit, on est dans une maison de fous ou on ne l'est pas.

Une réunion chassait l'autre, et le niveau d'agressivité montait : les fous se coupaient la parole, se criaient dessus, taxaient les pronostics de la partie adverse de « catastrophisme » ou d'« optimisme béat », selon le point de vue. L'idée de départ était réellement intéressante. Pourtant faute d'entente, elle tourna court et rien n'en sortit. Les discussions et les empoignades étaient allées bon train, pas les actions.

C'est souvent le cas des réunions : les idées n'y sont pas poussées en avant mais freinées. Les expériences n'y sont pas encouragées mais bloquées. Et au lieu d'écouter les clients, les collaborateurs ou les marchés, on y brasse de l'air.

D'après une enquête du cabinet de recrutement Robert Half, réalisée auprès de 5 600 DRH et directeurs financiers dans 20 pays, 35 % des réunions n'auraient tout simplement pas de raison particulière, le sujet qui rassemble les participants serait dévié dans 44 % des cas et certains n'auraient même rien à y faire (34 %). Pire : pour expliquer l'inefficacité des réunions, l'absence d'ordre du jour évoquée par 32 % des sondés et, dans 22 % des cas, les personnes les plus concernées par la réunion ne seraient même pas là (33 % en France)[21].

Je crains que ce sondage à peine terminé, ils aient tous filé en réunion, un tiers d'entre eux ayant déclaré passer trois à quatre heures par jour en réunion. Rapporté à une vie professionnelle, cela fait quelque chose comme 15 à 20 années passées en réunions.

Vous trouvez que c'est fou ? Si on faisait une réunion pour en parler ?

Les réunions servent à s'imposer, pas à travailler

Les réunions importantes rassemblent les chefs de tribus, les cadres dirigeants. Tous sont habitués à ce que leurs petits Indiens, pardon, leurs collaborateurs, prennent leurs désirs pour des ordres. Il est dès lors évident que ces rencontres au sommet partent toutes avec le même handicap : chacun cherche à s'y faire mousser et à clouer le bec de son voisin.

Ce ne serait pas une mauvaise idée que les étudiants en première année de psychologie assistent à quelques-unes de ces réunions. Ce qu'ils y apprendraient en matière de dynamique de groupe, communication relationnelle et lutte de pouvoir serait assurément supérieur à toute la littérature spécialisée qu'ils pourraient avaler sur le sujet. Les réunions les plus intéressantes sont celles qui se tiennent devant le PDG de l'asile, spectateur éminent s'il en est. Quand le *big boss* est là, les fous sont à leur top niveau. Ils sont tous formidables, rien ne cloche nulle part, du moins rien qui soit de leur ressort.

Le dernier bébé du directeur du développement est le plus grand coup de génie depuis l'invention du fil à couper le beurre. Il se vend mal ? Ah, ben faudrait peut-être voir du côté du directeur des ventes, parce que… Le directeur des ventes tresse des couronnes à ses représentants, dont la pugnacité n'aurait d'égale que celle d'Hannibal traversant les Alpes… avant de balancer un direct du droit au directeur marketing : « Si on ne fait pas connaître un produit, il ne risque pas d'être connu. C'est aussi bête que ça. » Le directeur marketing chante les louanges de sa dernière campagne de pub… et décoche une flèche empoisonnée à son collègue directeur financier : « Réduire notre budget communication n'était pas une bêtise, c'était une grosse bêtise ! »

Séances de passe d'armes, guéguerres de pouvoir : chacun cherche à supplanter l'autre, à défendre son image et sa suprématie.

Les collègues directeurs ne sont sur la même ligne que lorsqu'il s'agit de tomber à bras raccourcis sur leurs souffre-douleur favoris : les ressources humaines, les « RH », en langage entreprise. Satanées RH inaptes à dénicher les « *high potentials* » indispensables à la bonne marche de la maison, fichues RH dont les formations ne font que détourner les employés de leur travail et qui importunent les directeurs de service avec des propositions de séminaires toutes plus superflues et inutiles les unes que les autres – c'est vrai, quoi, qui peut bien avoir besoin d'une formation sur « l'art de rendre les réunions plus efficaces » ?

Les experts ne sont pas conviés

« Le nouveau logiciel est une catastrophe, se plaignait le responsable informatique d'un centre de documentation. Ce qu'on faisait avant en un clic est devenu compliqué au possible.

– Mais comment se fait-il qu'un programme aussi peu performant ait été choisi ? demandai-je.

– Ni mes collègues ni moi n'avons été interrogés. La décision a été prise par les directeurs lors d'une réunion.

– Mais votre supérieur direct aurait pu défendre le point de vue de son service.

– Comment ? Il aurait fallu qu'il le connaisse.

– Il ne s'est pas renseigné ?

– Non. Il n'en voit pas l'intérêt. Il passe son temps en réunion mais se figure qu'il est au top des affaires courantes. Et puis il a lui-même été l'un des experts du service, sauf que c'était il y a des siècles. Tout ce qui a changé depuis lui est passé sous le nez sans même qu'il le sache.

– Dans ce cas, sur quels critères le logiciel a-t-il été choisi ?

– Les directeurs s'en sont remis à une critique parue dans un journal spécialisé. Seulement ils n'ont pas vu que nos besoins étaient un poil différents. »

C'est un grand classique des maisons de fous : les tickets d'entrée des réunions ne sont pas attribués en fonction des compétences, mais de la hiérarchie. Ces beaux messieurs de la direction restent entre eux. Les salariés et leur expertise ne sont pas conviés.

Les grands prennent les décisions à la hache. Et elles s'abattent sur les petits qui n'en peuvent mais. Les patrons de supermarchés mettent en place un nouveau système de caisses sans interroger les caissières. Les patrons d'entreprises de transport achètent de nouveaux camions sans écouter ce que les chauffeurs auraient à dire. Les patrons de compagnies d'assurances lancent de nouveaux produits sans discuter avec un seul de leurs courtiers. Ils jouent aux devinettes au lieu de s'enquérir des besoins des clients ou de leurs salariés. Au lieu de leur parler. Au lieu de les inviter aux réunions.

Le moyen le plus sûr de transformer un collaborateur en âne mal embouché est de prendre des décisions par-dessus sa tête. Le courtier en assurances mettra beaucoup de mauvaise volonté à vendre le produit inepte que son patron lui a imposé, quand il n'aura pas assez de superlatifs pour vanter les mérites du produit qu'il aura contribué à initier.

Mais tant qu'une manifestation de salariés ne marche pas sur leur bureau avec des banderoles de protestation, les directeurs de maisons de fous s'estiment confortés dans leurs décisions. La vérité ne leur apparaît que bien plus tard, quand les chiffres des résultats commencent à s'entraîner à sauter du grand plongeoir.

Objet : Mon patron est tout près, et pourtant inatteignable

Le bureau de mon supérieur est à trois portes du mien. Pour moi, il pourrait tout aussi bien être à trois kilomètres. Cela fait des semaines que je ne peux pas échanger plus de quelques mots avec lui. Ce n'est pourtant pas faute d'avoir des points importants à discuter.

...∕...

.../...

J'ai l'impression de le harceler. Il ne répond pas à mes mails, remet toutes mes demandes de rendez-vous à plus tard et, quand je l'aborde dans le couloir, il marmonne : « Une autre fois », sans s'arrêter.

Mon supérieur passe son temps en réunion. J'ai calculé que cela devait faire plus de cinq heures par jour. Avant, il étudie l'ordre du jour, après il fait la liste de ce qu'il doit étudier. Cela suffit visiblement à occuper ses journées. D'autant qu'entre deux réunions, il trouve aussi le temps d'accorder des rendez-vous à des clients et des fournisseurs. Ils doivent être plus importants que moi et mes collègues, ses autres subordonnés.

Ces réunions servent à discuter de tout, notamment de l'importance du personnel. Pas mal, non ? Ils trouvent des heures pour discuter de *management*, mais pas une minute pour *manager*.

Jean D., chargé de budgets (*budget manager*)

Règlement intérieur de l'asile – art. 16 : Qui avait un problème en entrant en réunion a beaucoup progressé en en sortant : il en a désormais au moins deux !

POURQUOI TRAVAILLER
QUAND ON PEUT SE FAIRE MOUSSER ?

Bertrand D., 49 ans, gestionnaire d'une grosse entreprise de *leasing*, pointe son index sur sa tempe et le fait tourner : « Notre entreprise est une véritable fourmilière. Ça n'arrête pas. Ça court, ça discute, ça envoie des mails 24 heures sur 24. Et pourquoi ? Pour qu'on ne se rende pas compte qu'il ne se passe rien.

– Vous auriez un exemple ? demandai-je.

– Chez nous, faire simplement son travail, et par-dessus le marché le faire rapidement et tranquillement dans son coin, est plutôt mal vu.

– Tandis qu'est très apprécié…

– … de faire du bruit ! Untel a quelque chose à faire passer ? Il sort le grand jeu. Il rameute un groupe de projet, le baptise d'un nom qui flatte l'ego de la direction, convoque une réunion de travail tous les trois jours puis bombarde la moitié de la maison de comptes rendus de séance. Et il invite deux ou trois experts extérieurs. Ça coûte un bras mais ça impressionne. Untel est un héros, quel bosseur ! Les louanges pleuvent.

– Vous n'exagérez pas un peu ? »

Il secoua énergiquement la tête.

« Au contraire. Il y a peu, un de mes collègues a fait venir un doctorant de la fac pour donner un bon coup de gonflette à son mini-dossier et le faire passer pour une thèse de troisième cycle. N'importe quoi ! On lui demandait seulement d'optimiser la logistique de notre parc automobile. Il aurait pu le faire en une semaine. Maintenant, ça va prendre des mois avant que son doctorant ponde quelque chose. Et en plus, cette lumineuse idée lui a valu les félicitations de la direction !

– Vraiment ?

– Et officiellement. Tout le monde a pu lire dans une note interne que cette coopération de la science et de l'économie était un signal fort pour l'avenir. Ils sont même allés jusqu'à en tirer un communiqué de presse pour le journal local.

– Ils communiquent sur l'entreprise, c'est bien.

– Peut-être. En attendant, on est envahi de boursouflures qui ne servent à rien. Autre exemple, il y a quelques semaines, le directeur général a introduit un nouveau concept : les réunions avec "*speeddating* à fins de conseil collégial". Chaque chef de service est désormais prié de se présenter aux réunions avec un problème clairement défini à soumettre à l'assemblée. Les participants prennent place sur deux rangs de chaises qui se font face, comme dans les goûters d'anniversaire de gamins. Chacun a alors une minute pour exposer son problème à son vis-à-vis.

– Et ensuite ?

– Le vis-à-vis a une minute pour proposer une solution. Puis ils inversent les rôles. Pour finir, chacun se décale d'une chaise vers la droite et ça redémarre avec le collègue suivant.

– C'est de fait innovant. Les connaissances de chaque directeur de service peuvent s'entrecroiser. »

Il aurait mordu dans un citron qu'il n'aurait pas fait une autre tête.

« Allons donc ! Du pipeau, oui. J'ai bien vu combien mon patron avait du mal à lâcher prise. Ses vrais problèmes, il les garde pour lui, il ne va certainement pas en parler à qui que ce soit, au risque de montrer ses points faibles. De toute façon, ce n'est pas la minute de monologue d'un collègue totalement ignorant de la problématique qui va résoudre quoi que ce soit.

– Dans ce cas, à votre avis, à quoi ces *speeddatings* servent-ils ?

– À faire qu'il se passe quelque chose ! À faire que la direction puisse annoncer haut et fort : "Regardez comme nous sommes innovants ! Nous faisons ce qu'il faut ! Nous sommes de vaillants petits soldats !" Et personne ne va chercher à savoir pourquoi on a décroché tandis que le *leader* du marché caracole en tête depuis déjà un bout de temps. »

Quelques jours après cette conversation, Bertrand D. m'a fait parvenir une copie de quelques-uns des comptes rendus qu'il recevait de sa direction et de ses collègues. À leur lecture, mes doutes quant à l'objectivité du tableau qu'il m'avait brossé s'envolèrent. Ce n'était qu'une succession de riens du tout transformés en affaires d'État, de micro-idées transformées en innovations du siècle, de mini-performances transformées en travaux d'Hercule. Presqu'une phrase sur deux se terminait par un point d'exclamation. Ce n'était pas de l'information, mais des braillements. Beaucoup de bruit pour rien. Comme c'est si souvent le cas dans les entreprises françaises.

Deux solutions s'offrent au patient d'une maison de fous confronté à un problème : il le résout (cela peut se faire sans bruit, mais il n'en tirera aucune gloire) ou bien il met en scène un grand numéro, de préférence en plusieurs actes. Cela fait un potin d'enfer et toute l'attention converge vers lui.

La mise en scène d'un grand numéro demande une certaine dramatisation. Le premier exercice consiste à transformer le problème haut comme un dé à coudre en un obstacle au moins aussi impressionnant que l'Himalaya. L'idée de base étant : plus gigantesque est la montagne qui barre la route, plus fort sera le géant qui la déplacera.

Avant que le combat-exhibition commence, les gradins doivent être bien remplis. Un nombre maximal de collaborateurs, surtout parmi les dirigeants, doit être informé de l'imminence du *show*. Pour ce faire, le mail à la terre entière est un moyen qui a fait ses preuves. Vient ensuite le moment de rassembler les troupes. Un état-major de crise, appelé pour l'occasion « groupe de projet », est convoqué, qui ne va certes pas prendre lui-même le problème à bras-le-corps, mais néanmoins décider de quelle façon il importe de le traiter.

Malheureusement, les groupes de projet ont ceci d'intrinsèque qu'ils se composent d'individus issus de différents services, dont les intérêts sont habituellement divergents. Ils tirent sur la même corde, mais pas dans le même sens. On parle beaucoup, on agit peu. Le meilleur participant est celui qui marque le plus de points lors des joutes oratoires.

D'ici que le *show* et ses pompes s'achèvent, le problème, qui en réalité était microscopique, s'est dans la plupart des cas autosolutionné. Le groupe de projet est toutefois fermement convaincu d'avoir réussi un exploit. Et c'est ainsi que le plus grand déploiement de forces possible accouche d'un résultat inversement proportionnel.

> **Règlement intérieur de l'asile – art. 17 :** Le travail, c'est comme la femme coupée en deux au cirque : on n'est pas obligé de le faire pour de vrai, il faut seulement que ça ait l'air vrai et que ce soit spectaculaire. Ça suffit pour se faire applaudir.

OÙ IL EST QUESTION DE TRAVAIL SALOPÉ, DE CORRUPTION ET D'ESCROQUERIE

Pour un beau contrat, c'était un beau contrat que la grosse entreprise de BTP avait décroché là. Plusieurs milliards pour la création d'une ligne de métro, une tangente nord-sud dans les entrailles de la vieille ville de Cologne. Mais il n'y eut pas que les travaux souterrains qui se passèrent à l'abri des regards, il y eut aussi le sabotage d'un chantier. Après que la terre se fut ouverte, eut englouti le bâtiment des archives municipales et deux immeubles mitoyens et que la catastrophe eut ému l'Allemagne entière, l'enquête mit au jour toute une série d'actes criminels et, là, on ne rit plus.

Rien que pour trois chantiers de fouilles (Cologne est une ancienne cité romaine où le moindre coup de pioche entraîne l'ouverture de fouilles), les enquêteurs ont découvert vingt-huit dossiers d'exécution falsifiés[22]. L'examen des sites a mis en évidence qu'il manquait en de nombreux endroits de tout ce qui est essentiel à une exécution dans les règles : du béton, des poutres métalliques et de la stabilité. Un contremaître véreux avait ainsi détourné des tonnes d'étriers d'acier destinés à la stabilisation des cages en fer à béton pour les refourguer à un ferrailleur. Oui, vous avez bien lu.

Inconscient, scandaleux, complètement fou. Un contremaître est allé risquer l'effondrement du centre historique de Cologne pour se faire un peu d'argent avec de la vieille ferraille. Mais tout de même, dans quel état doit être la culture d'une entreprise, le rapport des ouvriers à leur travail, pour que l'un d'entre eux en arrive à saboter ainsi un chantier, non seulement au prix de vies humaines (deux personnes ont péri dans l'accident), mais aussi de la réputation de son employeur ?

Toutefois, est-ce bien légitime de conclure de ce comportement individuel à une faute de l'entreprise ? Est-il impossible qu'un acte d'une telle gravité survienne dans une entreprise parfaitement saine ? En théorie, non, bien sûr. Mais pour être « aberrant », un comportement n'en a pas moins des racines et celles-ci plongent dans la culture de l'entreprise pour s'en nourrir.

Prenons les étriers d'acier. Ce ne sont pas des cure-dents qu'on peut faire disparaître d'un geste discret dans sa poche. Des dizaines d'ouvriers ont dû remarquer la disparition de ces poutrelles, des ouvriers suffisamment expérimentés pour avoir conscience du risque d'effondrement. Pourquoi aucun n'a-t-il sonné l'alarme ?

Et le chef de chantier ? Quelles relations entretenait-il avec ses subordonnés pour qu'une information de cette importance ne lui parvienne pas ? Ou bien lui est-elle parvenue mais a-t-il préféré l'ignorer ? Et surtout : qui a falsifié les relevés de mesures ? Qui a rédigé les documents falsifiés ? Quel lien existe-t-il entre le béton économisé et les poutrelles manquantes ?

La probabilité est grande qu'il s'agisse ici, ainsi que dans de nombreux scandales, non pas de moutons noirs, de comportements individuels défaillants, mais des métastases d'une maison de fous malade.

Lorsque les médias se font l'écho d'affaires spectaculaires – un opérateur de marché fait perdre une fortune à sa banque, un directeur tyrannise et harcèle ses collaborateurs au point de les pousser au suicide –, je me demande toujours ce que ces comportements isolés révèlent de la communauté, de l'entreprise. Sur l'humus de quelles cultures d'entreprise ces excroissances déviantes se développent-elles ?

L'écoute de mes clients m'a enseigné que là où une personne fait des choses folles, il y a beaucoup de personnes qui tolèrent des choses folles. Bien des actes douteux officiellement proscrits par les règles sont souhaités en sous-main.

La maison de fous a pour effet particulier d'abrutir ses patients. Le phénomène à l'œuvre est le même que celui de la « désensibilisation systématique » des psychologues, une technique de thérapie comportementale utilisée dans le traitement des phobies. L'individu qui a peur des araignées doit regarder des araignées, puis toucher des araignées, jusqu'à ce qu'il n'ait plus peur des araignées. Les maisons de fous utilisent le même procédé pour affaiblir les scrupules de leurs collaborateurs.

L'opérateur de marché qui prend pour sa banque-maison de fous des positions hautement risquées, voire illégales, peut, au début, avoir peur des risques auxquels ses choix exposent son employeur, mais il va vite guérir de sa « phobie », au plus tard à la fin de sa période d'essai. Parce que cette prise de risque est ce qu'attend de lui son supérieur, parce que tous ses collègues du *front office* jouent au même petit jeu, il finit bientôt par croire que ces opérations sont tout à fait sûres – et normales.

Le groupe Siemens n'est pas un géant international pour rien. Quand il s'est lancé dans la corruption, il l'a fait à une échelle en proportion avec sa taille et ses ambitions. Des années durant, le groupe a gratifié partenaires commerciaux et autorités administratives d'ici et d'ailleurs de millions de dollars de pots-de-vin pour obtenir des contrats. Mais cette stratégie a eu un effet pervers qui n'avait pas été prévu : Siemens s'est rendu corruptible. On a ainsi découvert qu'un ancien « conseiller » saoudien, dont le contrat avait fait l'objet d'une rupture anticipée, s'était vu offrir début 2005 la rondelette somme de 35 millions d'euros. Ce qui sentait très, très fort le prix de son silence fut naturellement appelé « dédommagement »[23].

Combien de milliards de pots-de-vin et de « dédommagements » furent ainsi versés ? Combien de collaborateurs du groupe étaient impliqués ? Qui a approuvé et accordé ces sommes ? Qui les a provisionnées ? Qui les a versées ? Personne. Quand l'immense scandale de corruption a éclaté, tout le réseau de complicité aussi bien active que tacite s'est évaporé. Ne broutaient plus sur les vertes prairies de la maison de fous que de gentils agneaux innocents. Les corrupteurs d'hier n'étaient plus que les pigeons d'aujourd'hui.

À la suite de ces affaires, une demande grandissante d'autocontrôle des entreprises s'est manifestée. Aux États-Unis, la « *compliance* », ou conformité en bon français, est déjà une obligation pour les grosses entreprises, encadrée par tout un arsenal législatif, dont la loi Sarbanes-Oxley, une loi fédérale de 2002.

L'esprit de la conformité est le suivant : afin de ramener l'entreprise sur le droit chemin de la vertu, toutes les décisions importantes doivent être soumises au « principe des quatre yeux » (contrôlées par au moins deux personnes physiques). Les activités incompatibles doivent être séparées et les postes clés doivent obligatoirement tourner. Cœur du dispositif d'autocontrôle, un « droit d'alerte » est prévu, qui donne aux collaborateurs témoins d'éventuels dysfonctionnements la possibilité de sonner l'alarme et de soulager leur conscience.

En France, si dans le secteur financier cette démarche a été rendue obligatoire (les réglementations européennes Bâle II pour la banque, Solvabilité II pour l'assurance, exigent la mise en place d'un *Compliance Officer*), l'enthousiasme des grosses entreprises à se doter d'un responsable de la « conformité » ou au moins de codes de bonne conduite et de bonnes pratiques reste modéré.

Quelques directeurs de maisons de fous saisissent néanmoins l'occasion pour se poser en *managers* à l'esprit large, aussi ouvert que la culture de leur entreprise, et se dotent d'un programme de conformité cache-sexe. C'est bon pour l'image et ça rassure les actionnaires. Mais qu'en pensent les salariés ?

Pour la plupart, les témoignages sont semblables à celui entendu dans la bouche d'une directrice de projet. Elle travaille dans un grand groupe technologique qui possède un système de conformité depuis deux ans.

« Ce n'est qu'une vaste hypocrisie ! Notre entreprise fonctionne comme une famille : ce qui se passe derrière les portes doit rester derrière les portes. Tous les documents concernant des pratiques douteuses sont classés "strictement confidentiel". Et celui qui s'avise de parler à l'extérieur des erreurs, voire des dysfonctionnements de son service, pire, en informe la direction, est aussitôt accusé de cracher dans la soupe. L'autocontrôle ne change absolument rien à l'esprit de corps. Qui pourrait sérieusement croire qu'une entreprise va sauter de joie à l'idée que la justice fourre le nez dans ses affaires ? »

> **Règlement intérieur de l'asile – art. 18 :** Aucune entreprise qui a commis un crime n'a commis de crime. Les responsables sont *toujours* des salariés isolés.

4

Ah, la belle image que voilà !

Toutes les maisons de fous pratiquent le même métier : le ravalement de façade. Celles qui ne sont pas sérieuses veulent avoir l'air sérieux, celles qui sont en perte de vitesse veulent avoir l'air de tourner à plein régime et les timbrées veulent avoir l'air raisonnables. Ce chapitre vous en dit plus sur…

- comment la vision d'avenir supplée l'absence d'activité ;
- pourquoi des entreprises en échec s'installent une boîte à lettres à New York ;
- pourquoi « compression de personnel » sonne mieux que « suicide » mais veut souvent dire la même chose ;
- et comment des *managers* ennemis sont soudainement devenus superpotes en se balançant au-dessus du vide lors d'un séminaire *outdoor*.

LA VISION D'AVENIR OU L'ART DE COMBLER LE VIDE

Le comique chargé d'amuser la galerie lors de la fête de l'entreprise se trouve à court de blagues ? Inutile de paniquer. Qu'il prenne un air docte et parle de la vision d'avenir de la société et toute l'assemblée éclatera de rire. Quand elles ne sont pas affligeantes, les formules inventées pour communiquer sur le futur sont en effet souvent d'une vacuité et d'une platitude propres à déclencher l'hilarité. Le fossé entre les mots et les faits vaut bien le Grand Canyon.

Comment une entreprise présente-t-elle ses raisons d'avancer ? De quoi sa vision de l'avenir se nourrit-elle ? Où puise-t-elle son inspiration ? Est-ce, transposé en un beau langage imagé, ce à quoi elle aspire et s'efforce ? le tableau d'un rêve *raisonnable ?* Les visions d'avenir d'aujourd'hui ont-elles la résonance de celle de ce pionnier de l'automobile qu'était Henry Ford ?

« Je construirai une automobile pour le plus grand nombre… Elle sera si peu chère que personne, dont l'enveloppe de salaire sera bien remplie, ne devra renoncer à jouir avec sa famille de la bénédiction d'heures plaisantes dans le vaste pays de Dieu… Quand j'aurai atteint mon but, chacun sera en mesure d'acquérir cette automobile et chacun en possédera une. Le cheval aura disparu de nos rues, l'automobile sera une évidence et nous offrirons un travail bien payé à un grand nombre de gens[24]. »

Ça, c'était hier. Les visions d'avenir d'aujourd'hui semblent toutes sortir de la même boîte à idées, du même copier-coller à la mode. Tout est « innovant », « globalisé », « en synergie avec la demande ». C'est l'art de dire des banalités avec un vocabulaire modernisant grandiloquent.

La seule émotion véhiculée par ces visions d'avenir officielles est le fou rire qu'elles déclenchent chez les salariés. On ne parle plus d'« heures plaisantes dans le vaste pays de Dieu », mais « d'optimisation de la valeur client ». On ne dit plus : « Le cheval aura disparu de nos rues », mais : « Nous ciblons le remplacement des moyens de transport obsolètes. »

Comme ce jargon de *manager* a l'air fade à côté de la vision haute en couleurs d'Henry Ford ! Cette langue sans âme est le reflet d'un vide intérieur. Beaucoup d'entreprises sont devenues des entités de globalisation sans cœur ni sentiments, des machines à profit insensibles, comme si elles ne devaient à leurs collaborateurs que leurs salaires et aucune explication, aucune réponse à leurs interrogations.

Toute personne normalement constituée a besoin de savoir à quoi sert ce qu'elle fait. Les entreprises sont des milliers à vouloir doubler leur chiffre d'affaires, à vouloir devenir *leader* de leur marché, à vouloir développer leurs taux d'innovation. Or elles ne sont que très peu à dire *pour quelles raisons* elles se sont fixé ces objectifs. On est loin de la clarté du discours d'Henry Ford et de sa hauteur de vision.

En matière de « visions d'avenir » qui ne reflètent que l'absence de projet et de personnalité du *management*, la variante la plus subtile est celle qui consiste à déléguer la tâche ingrate de la réflexion aux salariés. Ils veulent savoir à quoi rime leur travail ? Eh bien à eux de se mettre à la recherche de sens…

Ma cliente Élodie B., 34 ans, faisait partie d'un groupe de projet chargé de développer la vision d'avenir d'une entreprise de 2 000 salariés. « La direction l'avait clamé haut et fort : elle ne voulait pas des slogans d'une agence de pub, elle voulait que les idées viennent de ses collaborateurs. » Un grand concours fut donc lancé. Tous les salariés furent encouragés à faire des propositions. Des bons de voyage devaient récompenser les meilleures idées.

Les instructions de la direction étaient vagues à souhait. La vision devait traduire une « poursuite claire du succès entrepreneurial » et surtout mettre l'accent sur « le constant travail de développement de relations harmonieuses entre les différents membres du personnel ».

Les propositions ne se bousculèrent pas.

Les raisons de ce désintérêt ? Depuis quelques années, l'ambiance dans les bureaux était aussi chaude que la banquise. La nouvelle direction avait mis à la retraite anticipée les collaborateurs en âge de l'être. D'autres, qui avaient démissionné, n'avaient pas été remplacés. Quant aux postes restants, elle avait fait comprendre que leur maintien était une grâce qu'elle faisait.

Elle n'en avait pas moins été stupéfaite quand un questionnaire anonyme avait révélé un fort taux d'insatisfaction du personnel. Il avait notamment mis en évidence que les collaborateurs avaient le sentiment d'être mal informés. Sur quoi, l'étage des *managers* résolut d'impliquer un peu plus le personnel. L'invitation à plancher sur une vision d'avenir était le premier acte d'une démarche stratégique… dont le premier enseignement fut – pas de chance pour la direction – que des salariés démotivés ne pouvaient pas développer de visions motivantes.

Élodie B. raconte : « Les propositions étaient des morceaux de musique en mineur. Pour finir, une agence de pub dut être appelée à la rescousse. » Collaborateurs et direction lui soumirent quelques concepts rayons de soleil (« conquête de marchés porteurs », « harmonie au travail » et « ensemble plutôt que chacun pour soi »). Les rédacteurs-concepteurs firent travailler leur imagination et développèrent une vision aux accents de slogan publicitaire où il était question de « créer ensemble un futur fort, de conquérir des sommets, de vivre et d'aimer le triple accord harmonieux direction-collaborateurs-clients. »

Bien sûr, dans cette entreprise – faut-il le souligner – rien n'était harmonieux. Il n'y avait aucun triple accord et pas trace d'amour non plus. Et de quel sens ce slogan se nourrissait-il ?

Plus je travaille sur les visions d'avenir décrites par des entreprises dont je connais le fonctionnement, plus je suis convaincu que la plupart de ces « visions » ne sont aucunement des lumières vers lesquelles ces entreprises se dirigent, mais bien plus des barrières qu'elles ne parviennent pas à franchir. La vision remplace l'action.

Là où bien traiter les clients se pratique naturellement au quotidien, il ne viendrait à l'esprit de personne d'en faire une devise à placarder au-dessus de l'entrée. Là où les relations sont harmonieuses, on ne fait pas de l'harmonie un but suprême. Quand une entreprise se démène pour conquérir un *leadership*, tous les collaborateurs ont suffisamment ce but en tête pour que personne n'ait besoin de l'ériger en « vision ».

La plupart des visions d'avenir témoignent de l'existence d'un fossé *infranchissable* entre discours et action. Comment des salariés qui font quotidiennement l'expérience de cette contradiction pourraient-ils se sentir motivés par ce qu'ils perçoivent comme une hypocrisie ? Ce ne sont pas les mots qui comptent pour eux, mais ce qu'ils vivent.

Il est vrai que ces visions d'avenir ne sont pas destinées aux salariés : les véritables cibles de ces argumentaires, ce sont les clients de l'entreprise, ses partenaires commerciaux et l'opinion publique. La vision d'avenir est ce que l'observateur extérieur ne manque jamais, qu'il clique sur le site de la société, lise la description d'un poste mis au recrutement ou découvre un portrait de la société dans un journal.

Impliquer les salariés dans leur développement n'est souvent que de la fausse démocratie participative, et doublement quand les buts affichés (« encourager le sens des responsabilités des collaborateurs ») sont contrecarrés au quotidien (par le délire de contrôle de supérieurs hiérarchiques).

Qu'y aurait-il de mal à ce que la direction d'une entreprise impose un modèle sensé ? Développer et transmettre une vision attractive, n'est-ce pas ce qu'un chef d'entreprise passionné devrait avoir à cœur de faire ? Imagine-t-on Henry Ford laissant le soin de brosser sa magnifique vision d'avenir à ses ouvriers ?

Je partage sur ce point l'opinion de l'économiste américain Warren Bennis, spécialiste du *management* : « Le troupeau n'a encore jamais donné de grande vision d'avenir, observe-t-il, de même que jamais un grand tableau n'a été peint par une commission [25]. »

Objet : Comment mon employeur s'est institué « *leader* mondial »

Notre entreprise, fabricant d'un emballage particulier, avait un sérieux problème : ses prix étaient trop élevés. En dépit d'un positionnement international, nous ne parvenions pas à nous imposer sur le marché mondial. Pourtant, notre direction ne ménageait pas ses efforts de communication, notamment grâce aux nombreuses subventions dont elle était bénéficiaire.

Un jour, les patrons eurent la lumineuse idée d'affubler la société d'un titre dont seuls ceux de l'intérieur comprenaient le vrai sens : « Le premier fabricant mondial d'emballages dans le segment haut de gamme ». Soit, traduit en français de tous les jours : « Personne n'est aussi cher que nous, ce qui explique que nous devions nous satisfaire de tout petits résultats ! »

Cette formulation audacieuse fut reprise partout, sur les plaquettes de présentation de l'entreprise, sur celles des produits, sur les offres d'emploi, les publicités. Trois mois plus tard, je ne rencontrais que des gens qui m'enviaient de travailler chez un « *leader* mondial ».

Édouard J., acheteur

Règlement intérieur de l'asile – art. 19 : Quand une entreprise sait ce qu'elle veut, elle le fait. Quand elle ne le sait pas et ne veut rien faire, elle développe une vision d'avenir.

International ? Mon œil !

Les actionnaires de cette grande enseigne *lifestyle* ne furent pas qu'un peu étonnés de se voir projeter un film très « belles années d'Hollywood » en assemblée générale. Il faut dire que le sujet du film – la conquête du monde, pas moins – avait de quoi susciter la perplexité.

Le groupe donnait tous les signes d'avoir mis à exécution ce dont le directoire parlait depuis des années : une expansion *significative* au-delà des frontières de l'hexagone. Jusque-là, il n'y avait qu'en Belgique que des filiales avaient été ouvertes et la presse, qui n'avait pas trouvé beaucoup de panache à ces efforts d'internationalisation, s'en était gentiment moquée.

Or, sur ce point, la direction était susceptible. Le mot « province » était à ses oreilles ce que le mot « enfer » est à l'Église. Cela tenait notamment à la localisation du siège de l'entreprise, une petite ville de la région Centre définitivement à l'abri du commerce.

Par chance, les clients n'imaginaient pas dans quel environnement peu glamour vivait le groupe, ni de quel bâtiment vieillot des années 1970 il se satisfaisait. Le PDG n'en était pas moins obsédé par l'idée de donner une séduisante patine internationale à son entreprise. Les conversations avec l'agence de publicité chargée de la communication maison tournaient toutes autour du même sujet : comment faire passer l'idée que nous jouons un rôle sur le marché mondial ?

Un des créatifs eut une idée : l'entreprise n'avait-elle pas quelques (insignifiants) points de vente à Londres, Berlin et New York ? Ne pourrait-on pas, même s'ils tournaient à perte, les mettre en scène dans une présentation vidéo ?

Certes, mais ce que le publicitaire découvrit sur place ce fut des boutiques d'arrière-cour, dans des quartiers de seconde zone, tristes, désertes et qui n'avaient manifestement été ouvertes que pour pouvoir se targuer d'être implanté dans ces villes. Il n'y avait rien à tirer de ces succursales, se lamenta le publicitaire. Ce qu'il fallait, ce n'était pas des boutiques quelconques mais de beaux magasins représentatifs dans des lieux représentatifs.

Eh bien, soit. Et c'est ainsi qu'à seule fin de promouvoir l'image du groupe, de nouvelles surfaces de vente furent louées et des magasins ouverts dans les meilleurs emplacements de Londres, Berlin et New York. Ces espaces de vente étant suffisamment prestigieux pour y organiser des expositions de Picasso, l'opération coûta une fortune.

Las, le nom de cette enseigne *lifestyle* n'étant guère connu au-delà de la France et de la Belgique, seuls quelques rares touristes de langue française s'aventurèrent dans ces beaux magasins… et s'y sentirent aussi perdus que des fourmis sur la pelouse du Stade de France. Ces espaces déserts allaient faire très mauvais effet dans un film à la gloire du groupe.

Qu'à cela ne tienne. Notre dynamique publicitaire fit entrer une agence de figurants dans la danse, qui envoya sur place tout ce qu'il fallait de faux clients dûment instruits : ils savaient comment ils devaient se déplacer dans les rayons, devant quels produits s'extasier et lesquels faire semblant d'acheter.

Cette fois, toutes les conditions étaient réunies. L'agence put lâcher son équipe de tournage sur les magasins de Berlin, de Londres et de New York. Les actionnaires purent donc voir de leurs propres yeux, lors de l'assemblée générale annuelle, non seulement que le groupe était présent dans toutes les métropoles du monde, mais que l'enseigne était si prisée qu'on s'y bousculait dans les rayons.

Quelle chance que personne ne soit allé voir de près à quoi ressemblait le chiffre d'affaires ou les bénéfices de ces dispendieux emplacements ! Pour un euro gagné, trois ou quatre furent investis. En fait de conquête internationale, ce fut une gigantesque opération déficitaire.

Les maisons de fous sont nombreuses, notamment parmi les plus modestes, à mettre toute leur ambition à exploser les frontières pour pénétrer le marché international. Je connais ainsi plusieurs agences de publicité qui font passer une boîte à lettres rouillée dans un immeuble new-yorkais pour leur très actif siège américain.

C'est le symptôme d'une maladie : la folie des grandeurs. Foin de petitesse, à nous le *big business*. Avouer que l'on est de Lyon et seulement de Lyon, c'est courir le risque d'être associé au saucisson et aux embouteillages du tunnel de Fourvière. Tandis que « Lyon-Francfort-New York » sur une carte de visite, tout de suite, ça en impose, on est d'emblée dans le grand bain du marché mondial.

Peut-être, mais la France compte néanmoins d'authentiques et discrets *leaders* mondiaux dans des lieux aussi improbables que Séez (Filatures Arpin), Le Chartre-sur-Loir (Rustines) ou Thoissey (Fermob), qui n'ont jamais cherché à miser sur autre chose que la qualité de leurs produits pour assurer leur notoriété.

Règlement intérieur de l'asile – art. 20 : De même qu'un chien se transforme en zèbre en passant devant une palissade à claire-voie, un boutiquier de province devient groupe mondial en déménageant dans une métropole internationale.

LE MENSONGE DE LA FORMATION CONTINUE

La philosophie de son nouvel employeur, un fabricant de cosmétiques bio, impressionna fortement Vanessa S., 34 ans : « Quand d'autres parlent de formation continue, chez nous, c'est du réel, du concret et du sur-mesure. » Voilà à peu de choses près les termes de l'une des accroches de la page d'accueil du site web de l'entreprise. « L'évolution de nos collaborateurs est pour nous plus importante que le développement de nos produits, avait renchéri le directeur du personnel lors de son entretien d'embauche. Car nos produits, nous les vendons, tandis que nos collaborateurs, nous les gardons ! ».

Le rêve ! Travailler et pouvoir évoluer dans un climat aussi motivant était exactement ce que recherchait Vanessa S. Elle avait beaucoup déploré que son précédent employeur n'accordât de formations qu'en urgence, lorsque les salariés avaient de l'eau jusqu'au cou. Et en quoi l'apprentissage d'un nouveau logiciel contribuait-il à l'évolution personnelle ? Ces « formations » n'étaient qu'un balai qu'on mettait dans la main des employés pour évacuer les problèmes, et qui pour le reste ne servaient à rien.

Or, Vanessa S. attachait beaucoup d'importance à son évolution personnelle. Elle avait prévu de parachever ses études de biologie et de diététique par un doctorat, quand la nécessité d'entrer dans la vie active pour participer aux charges de sa toute jeune famille l'en avait empêchée. Elle était donc entrée dans l'industrie cosmétique où elle s'était hissée jusqu'au poste bien payé de chef de produit.

Elle comptait sur ce nouvel emploi pour continuer à évoluer dans sa carrière et envisageait à moyen terme un poste d'encadrement, ce dont elle n'avait pas fait mystère lors de son entretien d'embauche. Ne serait-il pas opportun, parallèlement à son activité professionnelle, de participer à un séminaire de formation à la gestion d'équipe en entreprise ?

Sa période d'essai terminée, c'est ce qu'elle proposa. Son patron fit la grimace : « Je crois qu'il y a une chose que vous n'avez pas comprise. Nous sommes de fait ouverts à la formation de nos collaborateurs. Mais il faut que nous y voyions un rapport direct avec leur travail. Pour le moment, vous êtes chef de produit, pas chef de service.

– Mais ne serait-il pas avisé de voir au-delà du poste actuel ? Lors de mon entretien d'embauche, on m'a assuré de bonnes perspectives de progression dans les prochaines années…

– Exact. C'est la raison pour laquelle nous reparlerons de formation au *management* le moment venu. Comprenez : dans les prochaines années. »

Vanessa S. encaissa et regagna son bureau. Quelques mois plus tard, elle tenta un deuxième essai. Cette fois, elle avait découvert une formation à la gestion de produit qui lui paraissait intéressante et qui avait un rapport direct avec ses fonctions. Elle eut droit à une deuxième douche froide : « Peut-être devrions-nous patienter jusqu'à la fin de votre première année… Plusieurs de vos collègues attendent depuis déjà quelque temps de faire cette formation.

– Je comprends. Dans ce cas, serait-il possible d'être assistée par un *coach* pour la durée de mon projet actuel ? Cela m'aiderait pour la coordination de l'équipe.

– Un *coach* ? Chère Madame S., vous pourrez y prétendre quand vous serez à l'échelon supérieur.

– Vous parliez pourtant bien de formation continue "réelle, concrète et sur mesure"…

– Avez-vous déjà exploré notre bibliothèque interne ?
Vous y trouverez des livres intéressants, sur le *management*,
la gestion de projets, à peu près tout. »

Il existait bien une « bibliothèque » – ou plutôt trois
étagères poussiéreuses dans le bureau d'un chef de service,
remplies d'ouvrages de référence datant de l'âge de pierre,
du style *L'entreprise aujourd'hui*, *La gestion moderne* et autres
manuels de *management* pratique bêtifiants, censés expliquer
ce que les dirigeants pouvaient apprendre de poissonniers
motivés, d'hommes de ménage ou de souris dégourdies.
Bref, un fonds dont le niveau ne correspondait pas tout à
fait au sérieux des ambitions de Vanessa S.

Elle finit tout de même, au bout de huit mois, par être
envoyée en formation. Il s'agissait d'une « formation
produit ». Un très, très long spot publicitaire sur ses
produits, organisé en direct *live* par le fabricant de cosmétiques lui-même. Le clou de la journée était le maquillage
des participantes par des visagistes. C'était une sortie plai-
sante, assortie d'une grosse dose d'autopromotion, mais ce
n'était ni de la formation, ni une incitation à développer
ses connaissances.

Depuis, des collègues ont révélé à Vanessa S. que cette
formation aux produits maison représentait 80 % de la
fameuse « offre de formation » de l'entreprise. Les 20 %
restants, les directeurs se les partageaient entre eux. Il arrivait ainsi que l'on fasse appel aux services d'un « entraîneur
à la communication verbale et la présentation », dont les
tarifs à la journée, au dire de son site Internet, se situaient
dans les cinq chiffres, pour un seul petit groupe de cinq
managers.

L'entreprise de Vanessa S. est un classique de l'entreprise à
deux vitesses : d'un côté les directeurs et l'aristocratie de

la formation continue, de l'autre les employés, la valetaille, qui peut bien se satisfaire de poudre aux yeux. Vanessa S. apprit d'une assistante que les formations qualifiantes étaient très chichement accordées, notamment pour ne pas donner « trop de munitions aux candidats au changement », comme l'aurait dit un jour en *off* un membre de la direction.

Cette peur, notre fabricant de cosmétiques bio n'est pas le seul à la partager, quoique cela ait l'air autrement pire chez nos voisins. D'après un sondage de l'institut Forest Research, 62 % (un record) des entreprises allemandes craindraient qu'une formation qualifiante incite leurs collaborateurs à partir chez la concurrence. En Grande-Bretagne, seulement 27 % des entreprises et, en France, 9 % seraient en proie au même tourment[26].

Cette attitude apparemment désintéressée des entreprises françaises recouvre une réalité bien moins reluisante. La formation professionnelle française semble avoir atteint un tel point de déliquescence que les entreprises n'ont pas beaucoup à craindre : les formations bidon sont légion, leur financement pour le moins opaque et les « vraies » formations profitent surtout aux salariés déjà très qualifiés, tandis que la majorité attend des années pour en bénéficier : le nombre de salariés qui, au cours de l'année précédente, ont réellement profité d'une formation est en France, en moyenne, de 45 % alors que dans d'autres pays, ce sont 60 à 70 %. Pour empêcher les salariés d'élargir leur horizon, les entreprises tentent de les dissuader de se former. La France est plus radicale : elle supprime l'horizon[27].

À quoi mène cette crainte ? Est-il habile de maintenir ses salariés dans l'ignorance ? Tout individu n'aspire-t-il pas à progresser ? Les entreprises qui offrent une réelle possibilité de se former ne se positionnent-elles pas beaucoup mieux que les autres, d'une part parce que leurs salariés sont mieux informés et plus motivés, d'autre part parce que ces conditions de travail attirent les meilleurs collaborateurs ?

Les entreprises savent bien que leurs programmes de formation continue – et les perspectives de progression qui vont de pair – ont un réel impact sur le recrutement et contribuent à construire la « marque employeur ».

Résultat ? Toujours plus d'entreprises-maisons de fous se présentent comme des eldorados de la formation professionnelle continue, même si elles sont loin de l'être. Cette stratégie leur vaut de réussir de jolis coups dans la guerre aux talents. Mais le triomphe est de courte durée. Pour les collaborateurs nouvellement embauchés, l'image de l'entreprise est une promesse, le socle d'un contrat *psychologique* dont ils réclament chaque jour qu'il soit appliqué.

Le salarié qui se sent floué par les promesses (implicites) de formation de son employeur le lui fait payer. Cela s'appelle l'effet *pay-off*, une notion empruntée au vocabulaire de la finance : il ne met pas 100 % de sa force de travail dans la balance mais en retient *lui aussi* une partie. Un employeur qui trompe ses salariés sur la marchandise se nuit toujours à lui-même.

Objet : Comment j'ai acheté un animateur, et fait des émules

Question formation continue, notre groupe est généreux. Mais la plupart des séminaires sont tellement déconnectés de la pratique qu'on ne les suit que pour obtenir une attestation de participation. Ils sont animés par des prestataires extérieurs. Chaque animateur est noté par les participants. Plus leurs évaluations sont bonnes, meilleures sont les chances de l'animateur de re-signer un contrat.

.../...

.../...

Partant de ce constat, un collègue et moi-même avons eu une idée. C'était il y a des années, lors d'un séminaire d'une semaine particulièrement ennuyeux. Nous avons pris l'animateur « entre quatre z'yeux » et lui avons chaudement recommandé d'interrompre sa prestation à midi (au lieu de 16 h, comme prévu), sa note s'en trouverait grandement améliorée. L'animateur a hésité, puis quand tout le groupe lui a fait miroiter de belles notes, il a accepté le marché.

Le truc s'est répandu parmi les salariés (et parmi les animateurs). Depuis, la quasi-totalité des séminaires de huit heures durent au maximum sept, voire six heures. Ils commencent plus tard le matin, s'interrompent plus tôt le soir et la pause déjeuner traîne ce qu'il faut en longueur.

Les animateurs les mieux notés, les soi-disant excellents pédagogues, sont plébiscités par le service des ressources humaines qui leur signe des contrats à répétition. En réalité, ce sont souvent ceux qui travaillent le moins longtemps et qui, pour le reste, seraient plutôt partisans du moindre effort.

Franklin T., analyste

Règlement intérieur de l'asile – art. 21 : Il est inexact de dire que les entreprises sont opposées à la formation continue. Elles sont simplement opposées à ce qu'elle coûte quelque chose et que pendant qu'ils se forment les salariés ne travaillent pas.

L'ENTREPRISE S'AMUSE

L'invitation venait de tout en haut, du PDG de la maison de fous en personne qui appela sa petite troupe de cadres moyens à un « stage de *team building* », dont l'intitulé, « Tutoyer les sommets, une expérience unique pour cadres dirigeants », n'aurait pas déparé dans un catalogue de voyagiste.

Les heureux élus tressaillirent. Aïe, aïe, aïe ! Les bonnes idées de formation de leur patron, ils en avaient expérimenté quelques-unes. Ils avaient déjà été lâchés au plus profond d'une forêt du Morvan sans boussole, et ils avaient dû pêcher des truites à mains nues dans un torrent alpin. Contrairement aux apparences, ces aimables plaisanteries n'étaient pas destinées à de jeunes ados en camp de vacances, c'était du « *team building* », des séminaires de « motivation ».

La « *team* » en question était-elle donc si mal en point qu'il faille lui redonner du cœur à l'ouvrage ? Elle l'était ! La compétition qui régnait à tous les étages créait une ambiance détestable, chacun cherchait à empiéter sur le terrain de l'autre et le grand patron jetait de l'huile sur le feu. Il ne lançait jamais une idée sans ajouter : « Voyez entre vous qui est le plus compétent pour faire ça ! » Puis il regardait les directeurs de projet se voler dans les plumes et il comptait les points. Ou alors, c'était des petites phrases assassines lâchées en public, comme : « Cher Monsieur Truc, et si vous vous inspiriez de Monsieur Machin… ? », dont le résultat immédiat était que le modèle à suivre s'attirait durablement la jalousie, voire la haine de l'autre.

Ce comportement avait généré parmi les collaborateurs une tension, un état d'esprit farouchement individualiste. C'était le chacun pour soi. Les cadres étaient prêts à tout pour se faire bien voir du patron. Le rencontrer en tête-à-tête ne valait pas moins qu'une audience chez le pape. Puis, quand Monsieur le PDG conviait à une réunion, il avait tout loisir de se repaître du spectacle de ses subordonnés se crêpant le chignon.

Aucun directeur n'aurait jamais songé à partager une information avec un collègue. Les seuls conseils qui circulaient étaient des tuyaux percés, voire de subtiles incitations à faire une bourde.

Cette ambiance conflictuelle était essentiellement due au PDG lui-même, mais cela ne l'empêchait pas, après celle du fauteur de troubles, de coiffer de temps à autres également la casquette du grand adepte de la paix et de l'harmonie, en invitant ses troupes à un *team building*.

Ce en quoi consistait le « tutoiement des sommets », mon client Arnaud V., 51 ans, me l'a expliqué : « Nous devions faire l'ascension d'un sommet des Alpes suisses. Il ne s'agissait pas de randonnée, mais de véritable alpinisme.

– N'était-ce pas dangereux ? demandai-je.

– Non, cela se passait dans un parc d'escalade, sur un parcours balisé. Nous étions encadrés par des pros, eux-mêmes sous la responsabilité d'un guide de haute montagne, qui nous assuraient avec des cordes. Mais ça, c'était en cas de pépin. Le premier *challenge* consistait à s'entraider et à mutuellement s'assurer : planter les pitons, se conseiller sur les prises, s'accorder lors de l'escalade de la paroi…

– Tous les cadres de votre entreprise sont de bons sportifs ?

– C'est précisément le problème : non ! Je fais de la course à pied, je suis mince, bien entraîné. Mais l'un de mes collègues présente un tel surpoids que je me disais : s'il glisse, la corde ne va pas tenir le choc.

– Comment s'est passée l'ascension de la paroi ?

– Ça a été un grand numéro d'hypocrisie. Chacun a fait semblant d'être un modèle de solidarité : "Repose-toi sur moi" et «Qu'est-ce que je peux faire pour t'aider ?". Mais tous attendaient qu'il y en ait un qui fasse une erreur et dévisse. Ce qui reflète aussi quelque chose : les uns arrivent en haut, les autres non.

– Combien de temps a tenu votre collègue en surpoids ?

– Il a sué sang et eau, dès les premiers mètres. Puis il a craqué et dit qu'il n'en pouvait plus. Bien évidemment, toute la troupe a aussitôt proposé de l'aider, mais quand il a demandé si quelqu'un pouvait l'aider, non pas à monter mais à redescendre, il n'y avait plus personne. Tout le monde comptait sur les moniteurs.

– Et alors ?

– L'un des vrais alpinistes l'a aidé à redescendre.

– La réaction de ses collègues a été critiquée ?

– Vous pensez bien que l'animateur n'allait pas dénigrer son "expérience unique". Quand il a fait son compte-rendu de la journée au grand patron, c'était un vrai roman, nous avions témoigné d'un "formidable esprit de cohé-sion», les "forts avaient su aider les faibles", nous étions bien partis pour "escalader sans angoisses les sommets les plus hauts"…

– Mais c'était faux !

– Naturellement. Mais que croyez-vous que notre *big boss* voulait entendre ? Que grâce à lui, sa boutique était un panier de crabes ? Que ses employés se tiraient dans les pattes dès qu'ils le pouvaient ?

– Il ne vous a donc décerné que des louanges ?

– Non, tout de même pas. Il nous a reproché quelques petits comportements égoïstes. Il avait notamment relevé que la première réaction de tous ceux qui arrivaient au sommet avait été de sortir leur portable pour appeler chez eux – au lieu de parler ensemble de l'expérience commune qu'ils venaient de vivre.

– Et quelles conclusions en furent tirées ?

– Que nous devions regrimper ensemble dans six mois. Vu ce que l'animateur allait être rémunéré, pas étonnant qu'il ait suggéré de remettre ça. »

Les photos de cette « expérience unique », de ce qui avait été une « formidable aventure » sont parues dans le journal d'entreprise, non sans souligner combien la direction s'investissait pour souder son équipe managériale.

Ces aventures-découvertes pour *managers* sont le dernier cri de ce qui se fait en matière de formation. Et ça marche d'enfer. Trois clics sur Internet, et ce sont des dizaines de ces séminaires « *outdoor* » plus décoiffants les uns que les autres qui s'affichent sur l'écran. Il y a le style « appel de la nature », avec installation de bivouacs, fabrication d'un feu, cuisson en plein air, construction d'un pont suspendu, parcours des cinq sens et nuits à la belle étoile. À quoi peuvent s'ajouter quelques classiques comme la descente en rappel, la construction de radeau ou la course d'orientation. Ah, génial ! L'activité descente en rappel est possible. Des « modules en adéquation avec le livre IX du *Code du travail* et avec accord de la DRTEFP de la ville de Z » (elle est pas belle, la vie ?), le tout « avec du matériel aux normes » (sic !).

Et il y a du plus corsé : l'aventure dans le grand désert blanc, avec attelage de huskies à piloter, construction d'igloos, safari des neiges, exploration de crevasses et – clou de l'équipée   recherches dans la neige avec sondes électroniques. On imagine le tableau, l'un des *managers* en formation est enfoui sous quelques mètres cubes de neige fraîche et ses collègues se livrent un combat acharné pour être le premier à sauver la victime (qui dans la vraie vie, faute de coordination, aurait dix fois le temps de mourir de froid).

Comment en est-on arrivé à cette surenchère ? Par quel miracle les mêmes directeurs de maisons de fous, qui en interne comptent le moindre centime, sont-ils prêts à dépenser des dizaines de milliers d'euros pour ces pantalonnades en plein air ?

Si je me réfère aux récits de mes clients, je vois deux raisons à cela. La première : les chefs ont un vif besoin de redorer leur blason. Qui sème le poison de la discorde au quotidien peut se refaire d'un coup, d'un seul, une virginité. Il réserve un séminaire de *team building* un peu spectaculaire. Sur quoi, le *fairplay*, la solidarité et la paix refont leur apparition au sein de l'entreprise, et le tour est joué : le méchant est devenu gentil.

Deuxième raison : la formation, pour ceux qui l'accordent à leurs salariés, est devenue un marqueur de réussite. Un séminaire classique, dans un centre d'affaires classique, ne va rien susciter d'autre qu'un bâillement ennuyé. Tandis que sauver les victimes d'une avalanche, un bivouac dans le Ténéré, une descente en rafting ou l'escalade encordée d'un mur de niveau 3, ça vous pose un patron. Et rien de tel que de choisir des formations extraordinaires et uniques pour être soi-même perçu comme extraordinaire et unique. Les directeurs de maisons de fous intervenant dans les domaines créatifs sont particulièrement friands de ces séminaires de l'extrême. Ils les collectionnent comme les coupes de tennis. Les regards admiratifs justifient tous les excès.

Et le bénéfice qu'en tire l'équipe ? Il se perd dans le désert du Ténéré, ou il reste enfoui sous l'avalanche.

> **Règlement intérieur de l'asile – art. 22 :** On reconnaît un séminaire *outdoor* au fait que personne n'y prend le ciel sur la tête, mais que ça peut rendre fou.

LE RÉGIME MINCEUR

Un sujet revient tous les ans dans les magazines féminins, au printemps : maigrir avant l'été. Les entreprises françaises ont la même préoccupation, à ceci près que ce ne sont pas de kilos qu'elles veulent se débarrasser, mais de salariés, et qu'il ne s'agit pas d'une préoccupation saisonnière, mais permanente. Elles se mettent d'ailleurs au régime avec une méticulosité qu'elles appliquent rarement par ailleurs, au point de flirter avec l'anorexie. Leurs clients ont fini d'être au cœur de leurs préoccupations ; elles n'ont plus qu'une idée en tête, qu'elles partagent avec les tueurs en série : se débarrasser de leurs victimes, de préférence discrètement et sans laisser de traces.

Les maisons de fous font place nette de tout ce qui se met en travers de leur délire de minceur. De salariés isolés comme de services entiers. Elles n'ont ainsi aucun problème à s'arracher le cœur, en d'autres termes à délocaliser et externaliser leur service des ressources humaines. Qu'une entreprise étrangère s'occupe donc à leur place du recrutement, autant dire de l'avenir même de la société, et tant pis si les relations de travail s'en trouvent déshumanisées.

Une méthode de liquidation a fait ses preuves : la mise à la retraite des salariés ayant quelque ancienneté. La façon dont un grand groupe parisien a manié l'outil est intéressante. Dès qu'un ingénieur passait la cinquantaine, le *management* faisait tout pour le pousser vers la sortie. Ainsi les ingénieurs s'en allèrent-ils, les uns après les autres, sans même avoir toujours atteint l'âge d'une retraite anticipée.

Le conseil d'administration se félicitait du rajeunissement de la moyenne d'âge et du dégraissage des effectifs.

Une seule petite chose avait été oubliée : les « vieux » ingénieurs n'étaient pas partis sans rien, ils avaient emporté avec eux leur précieuse expertise. Au fil des années, ils avaient participé à l'élaboration de centaines de produits, développé un flair infaillible pour les sources d'erreur et leurs *process* étaient parfaitement adaptés à chaque client. Leur savoir et leur expérience faisaient les qualités de l'entreprise.

Quand le groupe pensait perdre des kilos superflus, il perdait en réalité sa substance. Il développa de nouveaux produits et les difficultés s'enchaînèrent. Les rouages ne s'engrenaient plus, les délais de fabrication étaient mal estimés, les équipes insuffisamment coordonnées. Et plus personne ne parlait la même langue que les vieux clients.

Il fallut qu'un important donneur d'ordre en ait assez de ce guignol et menace de reprendre ses billes pour que la direction se réveille. On reprit contact avec les experts qu'on venait de mettre dehors, on leur proposa des contrats de conseillers, ils revinrent et − miracle ! − les *process* redémarrèrent.

Cette politique de gribouille eut toutefois son prix. Les « conseillers » nouvellement nommés n'eurent aucune intention de se satisfaire de leurs anciens salaires et firent grassement rémunérer leurs talents. La cure d'amaigrissement du groupe fut un succès. Un succès cher payé.

La mise à l'écart des séniors, plus massive en France que dans les autres pays européens[28], a sans doute été facilitée par le dispositif des préretraites, dont l'utilisation abusive permettait aux entreprises de s'en défaire à moindre frais.

Les conditions d'accès ont été drastiquement réduites, avec quelques effets, mais cela n'a pas suffi à enrayer le phénomène : les entreprises se débarrassent toujours de leurs « vieux » à qui, malgré leur expérience, on ne propose souvent que des petits boulots, quand on ne piétine pas leur savoir-faire en leur expliquant qu'il faut « repartir à zéro »[29].

L'amélioration du taux d'emploi des séniors (en 2003, il était de 10 points inférieur !) est de plus trompeuse : les personnes considérées comme « en emploi » travaillent… ou recherchent un emploi et, depuis le 1er janvier 2012, les seniors licenciés ne sont plus dispensés de recherche d'emploi[30].

> **Règlement intérieur de l'asile – art. 23 :** Quand une entreprise se met au régime, ce n'est pas le chef cuisinier concoctant les mesures d'économie qui maigrit, ce sont seulement les salariés qui doivent les avaler.

LE COUP DU DROGUISTE

Certaines maisons de fous soucieuses de compression des coûts ont découvert l'attrait du travail à temps partagé. Les salariés ne sont pas embauchés par l'entreprise pour laquelle ils travaillent mais par une autre, de préférence plus petite. Cette seconde entreprise, dite entreprise de travail à temps partagé (ETTP), qui sert en quelque sorte d'homme de paille, recrute du personnel qu'elle met ensuite à disposition de la première entreprise, l'entreprise cliente, pour une période donnée.

Travaillent ainsi dans l'entreprise des salariés qui ne sont pas rémunérés par elle. Il faut y regarder à deux fois pour voir la différence. Souvent, l'adresse mail des salariés en mission diffère d'un poil de celle des salariés-maison – et les marque du sceau de salariés de seconde classe, ce qu'ils sont à maints égards, notamment pour leur salaire.

Le type de dispositif a donné une idée au géant allemand de la droguerie Schlecker (qui exploite 200 supérettes en France). La première étape a consisté à fermer 800 petits magasins et à mettre des centaines de salariés au chômage. Puis, alors qu'il avait licencié « pour raisons économiques », il relança les moteurs de la croissance à plein régime : des centaines de grands points de vente surgirent comme des champignons après la pluie, souvent à quelques mètres des petites succursales vieillottes qui avaient été fermées[31].

Recruter du personnel fut simple et rapide. Les fraîchement débarqués se virent offrir de démarrer une nouvelle carrière dans les beaux magasins flambant neufs. Seul bémol : leurs contrats ne seraient pas signés par Schlecker, mais par l'entreprise de travail à temps partagé Meniar, dirigée – comme c'était commode – par un ancien cadre de Schlecker.

Le tarif horaire, qui tournait autour de 12 € chez Schlecker, passa à 6,50 € chez Meniar (le Smic n'existe pas en Allemagne), les primes de Noël et de vacances disparurent des fiches de paye et les congés payés furent réduits au minimum légal.

Sous ces augures peu engageants, les salariés purent intégrer des postes en tous points identiques à ceux qu'ils avaient perdus, hormis en ce qui concernait les conditions de travail, fortement révisées à la baisse.

Ce tour de filou, dont Schlecker est coutumier, même si pour justifier ce nouveau « resserrement des coûts », il invoqua cette fois la « préservation de précieux emplois », ne lui aura pas porté chance : fin janvier 2012, le groupe a annoncé qu'il allait prochainement déposer le bilan « pour pouvoir avancer sur le chemin de la restructuration. » (…)

Les entreprises aspirent à voir toujours moins de salariés émarger sur la liste des salaires et réclamer les avantages sociaux qui s'y rattachent. Elles exigent en outre de leur main-d'œuvre temporaire qu'elle soit robuste et encaisse bien les coups. Tout le monde sait que l'on prend beaucoup moins soin d'une voiture de location que de la sienne propre. À quoi bon la laver, la réparer, l'entretenir, quand on n'est pas supposé la garder ? Les salariés en mission sont logés à la même enseigne : on ne s'occupe pas réellement d'eux et ils n'ont droit à aucun avancement, ni à aucune formation.

Si cette stratégie est excellente pour le régime minceur, elle est désastreuse pour la santé future de toutes ces entreprises-maisons de fous qui ruinent ainsi leurs relations avec ce qu'elles ont de plus précieux : leurs salariés.

Règlement intérieur de l'asile – art. 24 : Les salariés mis à disposition présentent le triple avantage d'être disponibles quand on a besoin d'eux, de pouvoir être mis dehors quand on n'a plus besoin d'eux et de pouvoir faire de notables économies de formation, primes et autres avantages sociaux.

5

Quand les grands groupes deviennent fous ou La folie XXL

Dans les grands groupes, tout est plus grand : le chiffre d'affaires, les locaux, la paperasserie et, bien sûr, également la folie. Elle s'y épanouit même en XXL. Dans ce chapitre, vous découvrirez…

- pourquoi le siège d'un groupe prend toujours ses filiales pour des demeurées (et inversement) ;
- pourquoi « kafkaïen », au sens d'absurde et inquiétant, est l'adjectif qui définit le mieux les procédures au sein des grands groupes ;
- comment son délire de fusion a conduit un constructeur automobile à se diversifier dans les machines à laver ;
- et ce que les salariés d'un groupe ont imaginé quand ils ont terminé l'année sans papier ni budget pour en acheter.

LE TOUT-PUISSANT GRAND CERVEAU CENTRAL

« Le siège est le cerveau de notre entreprise », m'a dit un jour le directeur financier d'un grand groupe de distribution. Et son ton disait assez sa fierté. Admettons. Mais qu'implique cette déclaration ? Eh bien que les filiales, elles, n'ont pas de cerveau ! Qu'elles sont comme les malheureux bras du grand corps de l'entreprise qui attendraient que le cerveau central veuille bien leur dire quoi faire.

Partout en France, les sièges sociaux estiment de leur devoir *d'assumer* la responsabilité de leurs filiales. En d'autres termes, ils dénient toute responsabilité à leurs filiales. D'accord pour que les filiales fassent un bout de route avec eux, à condition qu'elles se gardent de tout commentaire sur leur façon de conduire et ne touchent surtout pas au volant.

Que ces « compagnes » de voyage osent seulement dire « Attention ! obstacle sur la route ! », et les pontes du siège prennent la mouche. Ils se croient à ce point compétents, infaillibles et supérieurs, qu'ils ne laissent aucun espace d'intervention à leurs filiales. Ils définissent un cap et une fois qu'ils sont lancés, rien ne peut les faire revenir en arrière.

Les sièges sociaux des grandes entreprises françaises sont accablés de réclamations. Les filiales pestent contre les lenteurs de l'approvisionnement, s'inquiètent du manque de réalisme de la politique commerciale, alertent sur l'effondrement d'un chiffre d'affaires, font suivre les plaintes des clients, envoient toutes sortes de SOS. Peine perdue.

Filiales et succursales sont considérées par le grand cerveau central comme des sous-entités incapables d'avoir une vue d'ensemble. Les directeurs de filiales sont des « petits marquis » étroits d'esprit et un peu trop scrupuleux auxquels il faut faire passer leur imagination délirante et imposer le cap choisi par le cerveau central.

Je ne compte plus le nombre de fois où des collaborateurs d'une filiale m'ont dit que l'essentiel de leur travail consistait à rattraper les erreurs de « la direction à Paris ». Et je ne compte plus le nombre de fois où j'ai entendu que tel patron ne s'était pas montré dans une filiale ou n'avait pas parlé avec un client depuis des années.

Les situations telles que celle décrite par la directrice d'une filiale d'un distributeur n'ont pas d'autre origine. Le siège avait élargi sa gamme à un nouveau produit, un appareil photo numérique. Vendu à un prix très attractif, les ventes de l'appareil s'envolèrent, mais de plus en plus de clients mécontents revinrent au magasin, furieux d'avoir perdu toutes leurs photos. La naissance du petit dernier, le voyage de noces aux Seychelles : envolés ces témoignages de moments qui ne se reproduiraient jamais.

La directrice de la filiale jugea de son devoir d'avertir le siège. Son coup de téléphone ne pesa pas lourd face aux excellents chiffres des ventes. Comme la vague de protestations enflait, elle passa à la vitesse supérieure et rédigea une lettre informant le siège d'un risque de perte de clientèle.

Le DG de la maison de fous la convia à venir en parler de vive voix au siège. L'entretien ne se déroula pas tout à fait comme elle l'avait imaginé. « Il m'a prise entre quatre-z-yeux et sermonnée sur un ton douceâtre : "Laissez donc tomber, Robin des Bois. Ou estimeriez-vous que deux ou trois plaintes de clients sont plus importantes que les intérêts de votre employeur ? N'oubliez pas qui vous paye. Et le produit se vend extrêmement bien." »

Ma cliente souligna alors qu'il était de l'intérêt de l'entreprise de se préoccuper des besoins des clients, sur quoi le DG la regarda avec un sourire de travers : « Ne serait-ce pas parce que vous êtes depuis un peu trop longtemps dans cette filiale que vous vous sentez à ce point proche de vos clients ? suggéra-t-il. Nous devrions peut-être songer à vous muter. » Le message était clair, ma cliente se tut.

Deux mois plus tard, un article très critique parut dans un magazine spécialisé. Le siège ne mit pas douze heures à réagir : le lendemain, le produit avait disparu des rayons. L'avis d'un journaliste avait été pris au sérieux, les retours de vente de la filiale traités par-dessus la jambe.

Les filiales qui osent exprimer une opinion passent pour des empêcheuses de tourner en rond. Elles ne peuvent avoir raison contre le siège qui, par définition, ne se trompe jamais. Ceux qui se trompent sont ceux qui le contestent.

Les années passant, l'esprit critique des filiales s'émousse. Elles intègrent que les (mauvais) choix du siège sont comme le temps : il faut faire avec. Et elles se taisent. Les sièges interprètent encore trop souvent ce silence, ce « rien à signaler », comme une muette approbation de leur politique, alors qu'il est essentiellement un signe de démotivation.

Les collaborateurs des filiales ne sont certainement pas décervelés, même s'ils ne se servent plus beaucoup de leur tête pour penser, tant ils ont occupés à se lamenter sur les décisions des *big boss* du siège.

Objet : Une histoire d'ampoules et de bouts de chandelle

Un après-midi, ma collègue Géraldine a constaté que sa lampe de bureau ne fonctionnait plus. Au secrétariat où elle est allée chercher une ampoule de remplacement, elle a découvert que notre département n'ayant plus de ligne budgétaire correspondant aux lampes de bureau, nous devrions à l'avenir nous contenter de la seule lumière des plafonniers, attendu que s'il n'y avait pas de ligne budgétaire pour des lampes, il n'y en avait pas non plus pour des ampoules. Nous devions cette mesure à un programme de resserrement des coûts spécialement élaboré par le siège pour nos services.

Voilà donc Géraldine avec une lampe vouée à ne plus éclairer. Elle songea dans un premier temps à acheter elle-même une ampoule, puis y renonça – après tout, il n'y avait pas de raison – et préféra donner sa lampe à notre collègue Guillaume qui travaille dans un département dont les budgets, notoirement généreux, n'ont pas encore été revus à la baisse.

Mais pourquoi faire simple quand on peut faire compliqué ? Guillaume eut la surprise d'apprendre qu'il n'était pas possible de lui fournir une ampoule, aucune lampe de bureau n'étant enregistrée à son nom, mais qu'il était en revanche tout à fait possible de lui fournir une lampe neuve, équipée d'une ampoule. Il accepta volontiers l'offre et rendit sa vieille lampe démunie d'ampoule à Géraldine. Elle a très envie de la jeter mais elle se retient. D'ici qu'il y ait une règle qui l'interdise, il n'y a pas des kilomètres !

Lucie T., juriste

> Règlement intérieur de l'asile – art. 25 : Le siège sait tout et
> décide tout. Ce que le siège ne sait pas et ne décide pas n'est
> pas enregistrable par un cerveau et doit être considéré comme
> le produit de l'imagination délirante d'une filiale.

QUAND ÇA TOURNE AU CAUCHEMAR

« On avait sûrement calomnié Joseph K. » C'est par ces
mots que commence *Le Procès*, le roman absurde et angois-
sant de Franz Kafka. Au matin de son trentième anniversaire, Joseph K. est arrêté pour être présenté à un tribunal
invisible. Ignorant de quoi il est accusé et ne sachant pas
selon quelles lois le tribunal juge, il ne sait pas comment
se défendre. Durant tout le roman, il cherche à entrer
en contact avec le tribunal, mais jamais il ne parvient à
totalement surmonter les obstacles administratifs, ni à
complètement percer à jour ses accusateurs. L'absurdité
de la situation et l'incapacité du héros à avoir une prise
sur elle ont donné en français l'adjectif « kafkaïen » (« qui
rappelle l'atmosphère absurde et inquiétante des romans
de Franz Kafka », nous indique le *Petit Robert*).

Quantité d'entreprises ayant réussi à imposer la contrainte
d'une « procédure standard » à tout geste un peu plus compliqué que le collage d'un timbre, dans le monde du travail,
les situations kafkaïennes ne sont pas ce qui manque. La
procédure standard est un système d'étapes, habituellement
définies par le PDG de la maison de fous lui-même, système
par lequel il est impératif de passer pour faire quelque chose
d'aussi banal et indispensable que, disons, acheter du matériel. Et pas moyen de s'affranchir de la règle.

Ce qui jusque-là était aussi simple qu'un coup de fil à un
fournisseur se transforme en parcours du combattant. Le

malheureux collaborateur qui doit satisfaire aux exigences de la procédure standard n'a pas le temps de s'ennuyer. Première étape, avant de lancer la procédure proprement dite, il y a des chances pour qu'il doive repérer le poste de coûts sur lequel son achat doit être imputé, puis qu'il s'assure qu'il est encore suffisamment provisionné. Si ce n'est pas le cas, les ennuis commencent, surtout s'il ne peut pas reporter son achat à plus tard.

La deuxième étape (en admettant qu'il ait franchi la première) peut consister dans l'entrée d'une ligne informatique de demande d'ouverture de budget. C'est le moment où il doit se justifier, en d'autres termes, expliquer pour quelles raisons il souhaite faire ce qu'il a toujours fait, soit dépenser l'argent de l'entreprise pour une acquisition indispensable à sa bonne marche.

S'il a de la chance, le programme va accepter d'examiner sa demande ; s'il n'en a pas, il va refuser. Peut-être a-t-il entré le nom d'un fournisseur qui n'a pas survécu à l'uniformisation des procédures. Parce qu'il lui manque une certification. Ou parce que son volume de commandes est en deçà du seuil nouvellement redéfini. Ou bien parce qu'une secrétaire débordée s'est trompée d'une lettre en entrant son nom dans le fichier, auquel cas il a disparu pour toujours dans les profondeurs du programme.

L'un de mes clients, acheteur chez un constructeur automobile, m'a raconté une anecdote. Il travaillait depuis des années avec un équipementier de sa région quand, un jour, le siège s'est mis en tête de redéfinir les procédures d'achat. Telles prestations de service et tels produits devaient désormais être achetés chez tels ou tels gros fournisseurs. Tout fournisseur qui ne figurait pas sur la liste était exclu du système d'achat.

« Pour nous qui travaillions depuis plus de vingt ans avec cet équipementier et en étions pleinement satisfaits, ce fut une catastrophe, rapporte mon client. Et encore plus pour lui, dont la survie de l'entreprise dépendait de nos commandes. Mais la procédure en place ne prévoyait aucune exception. Mon client alerta son supérieur. Celui-ci passa un nombre incalculable de coups de téléphone avec le siège. Tous les responsables qu'il eut au bout du fil se défaussèrent derrière un autre responsable qui, affirmaient-ils, n'autoriserait jamais d'entorse à la règle. » C'était comme s'il se heurtait à un mur invisible. Kafka n'aurait pas imaginé mieux.

C'est grâce à une petite manipulation qu'il fut malgré tout possible de traiter avec le fournisseur habituel : au lieu d'être directement conclue avec l'équipementier, la commande transita par un grossiste « accrédité » qui fit office d'homme de paille et donna ordre au vieil équipementier de continuer à faire ce qu'il faisait depuis des décennies : fournir le constructeur automobile.

Si la procédure fut ainsi à la fois respectée et contournée, elle fut aussi chronophage, usante nerveusement, et la prestation d'un coup plus onéreuse. Car il va de soi que la société écran n'était pas intervenue gracieusement. Mais comme il ne s'agissait pas d'argent mais de noms sur une liste, le système d'achat ne trouva rien à y redire.

C'est l'une des particularités des contraintes administratives : plus les patrons veulent restreindre l'autonomie de leurs collaborateurs, plus ceux-ci développent de stratégies pour contourner les règles. Question petites combines, arrangements et camouflage, rien de tel que la bureaucratie pour rendre inventif.

Cela vaut aussi pour le travail hors les murs. Les commerciaux, ils le disent eux-mêmes, passent d'autant moins de temps à vendre qu'ils en passent à faire des projections de chiffres d'affaires et à rédiger des rapports, en somme à faire de l'administratif.

« Nous n'avons pas le choix, rapporte Frédéric D., commercial dans une multinationale de produits de grande consommation, nous avons ces tableaux Excel à remplir et nous devons nous conformer aux prescriptions. Et si on nous dit qu'un produit doit faire 30 % de notre chiffre, eh bien il fait 30 % de notre chiffre. Au besoin, nous baissons le chiffre d'affaires d'un sous-produit dont la commission ne vaut rien. Histoire de rétablir l'équilibre. Et histoire de donner aux patrons ce qu'ils ont demandé. »

Quelle bêtise. Les commerciaux, ceux-là mêmes qui font rentrer l'argent dans les caisses, sont brimés dans leur activité par les contraintes administratives. C'est comme si en football, un buteur n'était pas seulement chargé d'envoyer le ballon dans les buts mais d'en calculer la trajectoire et d'expliquer sa technique de tir et son taux de réussite.

Sans compter que, si la plupart des commerciaux choisissent d'être commerciaux, c'est précisément parce qu'ils ne veulent pas rester assis derrière un bureau, parce que la paperasserie les rebute, parce qu'ils veulent bouger, voir du monde. Contrairement à ce qu'imaginent leurs patrons, les procédures administratives ne les rendent pas plus performants, elles les démotivent.

On en arrive dans les maisons de fous à cette aberration : les collaborateurs finissent par passer plus de temps à respecter les procédures qu'à penser à leurs clients. Il est vrai que perdre un client ne porte guère à conséquence, alors que ne pas respecter les procédures définies en haut lieu est immédiatement sanctionné.

Autre effet de l'excès de réglementation : quand un problème surgit, les collaborateurs croisent les bras. Aucun ne prend une initiative, aucun ne se risque à avoir une idée personnelle. Le mot d'ordre est : « Pas de précipitation, attendons que la direction nous ponde une nouvelle procédure. »

Le roman de Kafka se termine par l'exécution de Joseph K., la veille de son trente-et-unième anniversaire, entraîné dans une carrière par deux hommes et abattu comme un chien, sans qu'il ait jamais su de quoi il était accusé. Dans les entreprises, les situations kafkaïennes se terminent elles aussi par des disparitions. Disparition de la souplesse, de la réactivité de l'entreprise, et disparition de la motivation des collaborateurs.

Objet : Comment j'ai failli brûler vif dans mon bureau

C'était une règle immuable : une fois tous les trois mois, toujours un vendredi et toujours un matin, il fallait que l'alarme incendie soit testée. En combien de temps nous devions quitter le bâtiment, nous rassembler dans la cour, puis nous inscrire sur une liste – tout était réglé comme du papier à musique. Imaginez un peu l'affaire : tous les salariés arrêtant leur travail pendant une heure, quatre fois par an. La perte de temps de travail que cela représente !

Comme j'avais vraiment beaucoup de travail, je m'étais arrangé avec mon voisin de bureau pour qu'il m'inscrive sur la liste et que je n'aie donc pas besoin de quitter mon poste. Ainsi fut fait ce nouveau vendredi où la sirène, une fois de plus, se déclencha à 11 h 30. Les collègues bavardèrent encore un peu puis se dirigèrent tranquillement vers la sortie.

Je me suis replongé dans mes dossiers, jusqu'à ce qu'une odeur de fumée me chatouille les narines, et que j'entende les pompiers lancer des ordres et courir dans les couloirs. J'ai pris mes jambes à mon cou et détalé. Le feu, qui avait pris dans une corbeille à papier à l'étage inférieur, commençait à gagner tout le bâtiment.

.../...

Plus de cinquante personnes étaient restées dans les bureaux. Le patron entra dans une colère noire : « On a pourtant fait suffisamment d'exercices d'évacuation ! » hurlait-il. Il ne comprenait visiblement pas qu'il y avait un lien. À force de nous imposer ces exercices d'évacuation à répétition, la sirène n'était plus perçue comme une alarme mais comme le signal de la récréation. Plus personne ne la prenait au sérieux, de même que plus personne ne prenait au sérieux les autres règles absurdes qui nous étaient imposées au quotidien.

Yvan R., responsable grands comptes

Règlement intérieur de l'asile – art. 26 : Les procédures administratives sont comme le chewing-gum : on tire dessus et ce qui était tout petit s'allonge, s'allonge…

L'HYSTÉRIE DES RÉSULTATS TRIMESTRIELS

Il n'existe dans le monde que deux grands systèmes concernés par autre chose que l'immédiateté. L'un n'a pas d'importance, c'est l'évolution. L'autre en a beaucoup, ce sont les grands groupes français. Avez-vous déjà vu un PDG jouer les Capitaine Flam devant ses actionnaires ? C'est à croire que seul l'avenir compte à ses yeux et que pas plus le présent que les derniers résultats de son entreprise ne l'intéressent.

Pas un discours où on ne trouve des déclarations du style : « Nous ne devons pas courir derrière chaque nouveauté du marché. Nous ne devons pas devenir esclaves de succès rapides. Nous devons affûter nos lances de l'innovation ! Dans dix ans, il n'y aura plus que quelques rares joueurs sur le terrain de la globalisation. Et alors, nous verrons qui a su poser les meilleurs jalons. Je vous le promets : nous ferons partie des plus grands, des meilleurs, des plus innovants ! » (Tonnerre d'applaudissements.)

Mon client Pierre F., 55 ans, travaille depuis vingt ans
pour une multinationale. Ces grandes déclarations le
consternent : « C'est toujours la même chose. Pour l'extérieur, on prêche le long terme et, à l'intérieur, il n'y a
que le court terme qui vaille. J'ai pratiqué quatre PDG, ils
n'avaient pour ainsi dire rien en commun dans leur façon
de travailler, à une exception près : les quatre étaient prêts
à tout pour gonfler leurs résultats trimestriels. »

Pierre F. a vécu des décisions aberrantes : « Nous attendions
un contrat qui se chiffrait en centaines de millions, mais
il ne devait pas tomber avant la fin du trimestre. Alors la
direction s'en est mêlée et a fait assaut de propositions
pour inciter le client à signer avant la clôture des comptes
trimestriels. Elle a ainsi offert d'importants rabais (bien
que les rabais soient mal vus chez nous). Pour finir, nous
avons tellement revu nos prix à la baisse que nous avons
fait une opération blanche. Mais les résultats trimestriels
furent excellents. Le PDG fut encensé par les médias : il
avait pris le bon virage. Bravo ! Encore bravo ! Nulle part
on ne lut ou n'entendit que pour connaître cette brève
heure de gloire, ce Superman des affaires avait jeté des
millions par les fenêtres. »

Les sociétés anonymes sont coutumières de ces crises
de folies furieuses trimestrielles. Les *managers* salariés ne
pensent pas plus loin que la durée de leur contrat de travail.
Condition première et indispensable pour que ce contrat
ne s'interrompe pas prématurément : il faut entretenir
les actionnaires dans de bonnes dispositions… avec des
comptes trimestriels florissants.

Chaque petit chef d'équipe sait que les patrons apprécient
vivement des chiffres contribuant à pousser vers le haut les
résultats trimestriels et qu'il se fera très mal voir s'il plombe

les comptes avec des résultats un peu trop réalistes. Du moment qu'elle sert les résultats trimestriels, la première décision imbécile venue devient un « coup subtil ».

Cette politique mène droit au cercle vicieux que décrit Pierre F. : « Une machine est tombée en panne à quelques jours de la fin du trimestre. Le directeur de l'usine a repoussé l'achat d'une machine neuve au trimestre suivant. Mais une nouvelle dépense est survenue et il a de nouveau repoussé l'achat de la machine. Et ainsi de suite plusieurs trimestres d'affilée. Nos chiffres du court terme s'en sont trouvés bien, pas nos résultats à long terme. »

Mais est-ce bien vrai que le public attache une telle importance à ces résultats trimestriels ? C'est parfaitement vrai ! Jamais dans l'histoire de l'humanité, la durée de vie de l'information n'a été aussi courte qu'aujourd'hui. Un vent constant d'informations, qui en réalité n'apportent rien de nouveau, souffle en permanence autour de la planète. Le monde moderne ne tourne plus autour de son axe, mais autour de ce qui circule par mails, twitts, messages Facebook, posts et sms. La vitesse prime sur le degré de véracité. Tout utilisateur d'Internet peut, via un site personnel, un blog quelconque ou un forum d'actionnaires, donner son opinion sur tout – y compris sur les résultats d'une entreprise.

Cette audience est un gigantesque outil de relations publiques, un moteur que les entreprises alimentent avec des informations choisies et les rapports trimestriels. Souffler un peu d'air chaud sur la bourse peut déclencher un feu d'artifice des cours. Un journaliste sportif exulte quand un skieur national fait le meilleur temps intermédiaire. Et les actionnaires exultent quand les résultats trimestriels d'une entreprise dépassent ce qu'ils espéraient.

Daimler nous fournit un bon exemple de ce mécanisme fou. En avril 2010, le constructeur automobile allemand, annonçant la publication de ses résultats trimestriels, déclara avoir dégagé un bénéfice opérationnel de 1,2 milliard d'euros. La nouvelle surpassa toutes les attentes et, bien qu'il ait malgré tout pris soin de préciser qu'il s'agissait d'un chiffre préliminaire et non audité, les résultats complets devant être publiés quelques jours plus tard, la bourse s'enflamma. Les analystes, tout tourneboulés, lançaient conseils d'achat sur conseils d'achat. La nouvelle se répandit dans la planète multimédia à la vitesse de la lumière. L'action Daimler décolla : 8 % de hausse en une séance !

Le journaliste économique Christof Schürmann résuma ce qu'avait d'irrationnel cette explosion du cours Daimler en parlant « de l'absurdité bien organisée des comptes inter-médiaires ». Qu'un investisseur, au vu de quelques chiffres qui tenaient sur une demi-feuille A4, soit prêt à payer une action Daimler 8 % de plus que la veille restait pour lui un mystère, d'autant qu'il se demandait si ces fameux chiffres n'avaient pas été un peu trop « habillés » comme on dit en jargon économique. Quand on est gros comme Daimler, à force de tirer d'un côté et de pousser de l'autre, il n'est en effet guère compliqué de gratter quelques centaines de millions[32].

Un bon temps intermédiaire peut laisser présager une place de premier – ou le contraire, s'il est obtenu au prix d'une course folle, d'une trop grande prise de risque, d'un trop grand risque de chute. Ou encore s'il cache un *vrai* temps tellement mauvais qu'il a fallu bidouiller le chronomètre.

Si je m'en réfère aux récits de mes clients, on peut oser l'affirmation suivante : le degré de véracité de beaucoup de rapports trimestriels est comparable à la teneur en alcool de l'eau de vie : avec 40 %, on est bien servi. Les 60 % restants sont de la communication et des demi-vérités.

> **Règlement intérieur de l'asile – art. 27 :** Les rapports trimestriels sont comme les scooters : si on ne les trafique pas un peu, on se fait semer.

QUAND LA FUSION MONTE À LA TÊTE

Quand deux voitures s'emboutissent, on appelle ça un accident. Quand deux entreprises se rentrent dedans, une fusion. Il n'est pas rare qu'il y ait destruction totale des deux parties. Ce qui jusque-là était en bon état se retrouve dans le fossé. D'après une étude de la banque Morgan Stanley, sept fusions sur dix échouent[33].

Mais ce sont des détails auxquels les directeurs de maisons de fous ne s'arrêtent pas dès lors qu'ils flairent une opportunité de donner à leur folie des grandeurs un nouveau terrain de jeu où s'ébattre.

Il y a de la contradiction dans l'air. Les entreprises, d'un côté chroniquement atteintes de délire de minceur, s'acharnent à se débarrasser de leurs salariés comme autant de kilos superflus ; de l'autre, elles se gavent d'entreprises et de participations jusqu'à ce qu'elles soient aussi grosses que le serpent qui a avalé un éléphant. Comment font-elles pour concilier cela ?

Les directeurs de maisons de fous, qui ont une explication pour tout, vous le diront : il n'y a pas de contradiction. Ils ne fusionnent pas pour grossir, pour avoir plus de collaborateurs, plus de machines, plus de biens immobiliers, plus de poids apparent. Quelle idée ! La fusion est une façon particulièrement sophistiquée – et à laquelle il fallait penser – de se mettre à la diète.

Le principe du régime est le suivant : quand deux entreprises de même nature fusionnent, émergent soudainement sur la liste des salaires deux comptabilités, deux services commerciaux et, bien sûr, deux directions. Tous les collaborateurs qui étaient des numéros uniques ont désormais un jumeau, ce qui en fait des candidats de choix pour le rouleau compresseur de la réduction de personnel.

Les patrons respectent un bref délai de décence, puis le petit jeu du : « Et hop, t'es dehors » démarre. Selon des critères que personne ne comprend (et n'est censé chercher à comprendre), tels collaborateurs sont remerciés, tels autres se voient accorder un délai de grâce. L'opération d'épuration déchaîne l'enthousiasme des actionnaires, mais les collaborateurs qui en réchappent en sortent pétrifiés.

Quand une entreprise licencie, la motivation d'un tiers des salariés baisse. Un sur deux considère ne pas pouvoir travailler dans de bonnes conditions avec ses collègues. Et si des réductions de salaire surviennent, ils sont même 45 % à fournir un effort de travail moindre[34].

Mais pourquoi un directeur de maisons de fous s'en émouvrait-il ? Ce qui l'intéresse, c'est le mesurable et le quantifiable. Ce qui va par exemple lui permettre de dire : « La fusion que j'ai initiée à l'époque nous a fait gagner 15 % de part de marché. Et en même temps, en rationalisant les ressources, nous avons réussi à supprimer 750 postes de travail en trois ans. » Il va prudemment s'abstenir d'évoquer la perte de motivation de ses collaborateurs. De même, il va se garder de dire qu'au final, son entreprise compte 3 000 salariés de plus.

Le mot « rationalisation » est une plaisanterie. Qu'y a-t-il de rationnel à zigzaguer entre gloutonnerie et régime minceur ? Au bout du compte, les fusions sont le plus souvent des affaires non rentables, ne serait-ce que parce que les entreprises à vendre sont rarement les mines d'or promises (et espérées), mais plutôt des affaires calamiteuses péniblement repomponnées avant la fusion.

Ce qu'elles sont vraiment, les directeurs de maisons de fous le découvrent en poussant la porte de leur nouvelle acquisition, quand le chèque a été signé et qu'ils ne peuvent plus revenir en arrière.

> **Règlement intérieur de l'asile – art. 28 :** Une entreprise peut s'améliorer. Ou choisir de fusionner.

Mais pourquoi des machines à laver ?

Vous vous demandez ce qui alimente la boulimie de fusion des directeurs de maisons de fous ? Leur ego. Ils veulent écrire l'histoire, initier de nouvelles ères, faire tourner la grande roue du monde. Leur besoin de se faire valoir est plus grand que leur raison. De même que ses conquêtes féminines permettent à un tombeur de bomber le torse, un directeur de maison de fous se jauge au nombre de ses employés. Celui qui dirige 2 000 personnes est cinquante fois plus important que celui qui arrive tout juste à 1 950. Ces calculs n'obéissent pas aux lois de l'arithmétique, mais à celles de la vanité.

Le nombre d'accidents de fusion relayés par les médias remplirait un livre entier. L'histoire du mariage Daimler-Chrysler, et de sa pitoyable fin, est parmi celles qui ont fait couler le plus d'encre. En mai 1998, le groupe allemand Daimler a allègrement franchi la frontière entre grandeur et folie des grandeurs, et fusionné avec l'américain Chrysler. Il était de notoriété publique que le groupe américain était dans le rouge jusqu'au cou. Pourtant, Jürgen Schrempp, le grand patron allemand déraisonnable, présenta l'affaire comme un « mariage céleste », engloutit le concurrent souffreteux avec autant d'avidité que s'il avait été le plus bel astre du ciel de l'industrie automobile et il s'intitula pompeusement grand chef d'un « géant mondial »[35].

La fusionnite aigüe dura et elle s'accompagna des symptômes associés : les coûts firent un bond en avant, les bénéfices s'effondrèrent. En 2002, le groupe touchait le fond : Chrysler plongea dans le rouge pour 5,3 milliards d'euros. Le « géant mondial » enregistra au total 662 millions de pertes quand, avant la fusion, le bénéfice de Daimler se chiffrait en milliards.

Pourtant, Jürgen Schrempp continua à s'accrocher à sa fusion comme à une bouée de sauvetage, jusqu'à ce qu'il se fasse débarquer en juillet 2006. Son bébé ne lui survécut pas : le mariage malheureux fut dissout. Dans le monde des affaires, cette aventure est considérée comme « l'une des plus grosses destructions de valeur qu'un *manager* se soit jamais offerte »[36]. Entre 1998 et 2007, la capitalisation boursière de l'entreprise a diminué de 40 milliards d'euros.

La plupart des fusions sont marquées du sceau de l'entêtement, et celle initiée par Schrempp ne fait pas exception. Car il faut qu'il ait été entêté et incorrigible pour se lancer dans pareille opération, quand la folie des grandeurs avait déjà valu à son prédécesseur Edzard Reuter quelques retentissants échecs. La grande idée de Reuter avait été de créer un « groupe technologique intégré ». Pour ce faire, il avait des années durant acheté à peu près toutes les entreprises qui ne s'étaient pas écartées assez vite de sa route, dont le concurrent Messerschmitt-Bölkow-Blohm (MBB), l'avionneur hollandais Fokker et le géant de l'électroménager AEG, filiale Telefunken incluse, ainsi que le fabricant de turbines MTU.

Ce qu'il espérait de ce bric-à-brac, hormis étendre son empire et se mettre en avant, était une énigme. L'achat d'AEG par un constructeur automobile est le type même de la décision aberrante. « Mais qu'est-ce que Daimler veut faire avec des machines à laver ? » s'interrogea à l'époque, avec beaucoup de pertinence, un délégué du personnel[37]. Oui, on se le demande.

La belle entreprise d'électroménager était en pleine déconfiture – et le resta. Quand il ne fut plus possible de faire passer le fiasco pour une réussite, AEG fut cédée au suédois Electrolux, à qui incomba de procéder à son enterrement. Quant aux autres acquisitions de Daimler, elles ne furent pas plus à la hauteur des espérances du président.

En fait d'achat d'entreprises lucratives, les fusions témoignent surtout de la mégalomanie des dirigeants.

Et qui paye l'addition ? Les pauvres actionnaires sur qui toute la presse s'apitoie, certes, mais aussi et surtout les salariés qui vivent dans la crainte de perdre leur emploi, doivent s'accommoder de budgets toujours plus serrés et en permanence s'adapter à de nouvelles stratégies, de nouveaux directeurs, de nouvelles absurdités. Difficile, dans ces conditions, d'avoir encore du cœur à l'ouvrage.

L'une de mes clientes a vécu les effets de la désastreuse fusion Chrysler-Daimler de l'intérieur. « Daimler avait toujours été un employeur généreux, rapporte-t-elle, pour les salaires, pour la formation, pour tout. Mais à partir de 2005, ce ne fut plus qu'un souvenir. Ils ont commencé à tailler comme des fous dans les budgets, notamment de mon secteur. Ils ont ainsi supprimé du jour au lendemain un programme de formation. Je m'étais investie corps et âme dans son élaboration, pendant des mois. Ça a été un vrai coup à l'estomac. J'ai protesté, on m'a répondu qu'il fallait bien commencer par économiser quelque part. Je me suis retenue de répliquer qu'ils auraient peut-être dû commencer par réfléchir avant de décider de fusionner, pas après. »

Objet : Et que le meilleur gagne !

J'ai longtemps travaillé comme unique traductrice-interprète au sein d'un petit département. J'étais occupée à plein temps, jusqu'à ce que notre groupe absorbe un concurrent. Nous avions dès lors un concurrent de moins, mais beaucoup trop de salariés.

Une partie du nouvel effectif emménagea dans nos locaux. Il apparut qu'il y avait souvent deux collaborateurs pour un même poste. Ces « doublons » furent toujours mis dans un même bureau. Une autre traductrice-interprète s'installa dans le mien. Il fut bientôt évident qu'il n'y avait du travail que pour l'une de nous deux. On nous avait enfermées comme des coqs de combat dans une petite cage pour voir qui allait s'imposer sur l'autre.

Nous n'avons pas tardé à nous détester. On passait notre temps à se tourner autour, à guetter le dossier qu'on allait pouvoir rafler au nez et à la barbe de l'autre. Il est souvent arrivé qu'on travaille sur le même, sans le savoir. Le travail était fait en double, parfois pendant plusieurs jours. Les collaborateurs qui avaient demandé ce travail prenaient celui qui sonnait le mieux. Ou qui était prêt le premier. On était en permanence en compétition.

Nous étions nombreux à être dans le même cas. La boîte était devenue une pépinière de manigances et de coups bas. Il y avait de plus en plus de disques durs qui « inexplicablement » plantaient, de chiffres confidentiels qui faisaient le tour de la maison, ou de mails dénigrant le *management* qui atterrissaient dans le courrier de la direction.

Nous nous harcelions mutuellement. Au bout d'un an, j'étais tellement à bout que j'ai donné ma démission. L'entreprise s'est débarrassée de moi sans que ça lui coûte un euro. C'est manifestement ce qui était prévu.

Hélène S., traductrice-interprète

> **Règlement intérieur de l'asile – art. 29 :** Fusionner avec une entreprise d'un autre secteur est astucieux : les observateurs cherchent quelle géniale stratégie se cache derrière. Il ne vient à l'idée de personne qu'il n'y en a aucune.

PAPIER BLANC ET BLANC PAPIER

« Quand le groupe nous a avalés, ça a été le grand chamboulement. », raconte Yasmine H, 35 ans, acheteuse chez un jusque-là modeste industriel de l'agroalimentaire. Les voies décisionnaires étaient sans complications. Débloquer de l'argent était simplissime. Première étape : on exposait de façon claire au patron à quoi l'argent était destiné. Deuxième étape : il approuvait d'un hochement de tête. Cela fonctionnait très bien, l'entreprise était florissante.

Puis un jour, le propriétaire de l'entreprise a cédé aux avances d'un grand groupe étranger. Contre une somme à donner le vertige, le petit industriel est passé dans le giron du grand groupe. « Les collaborateurs ne s'en réjouirent pas particulièrement, poursuit Yasmine H., mais à vrai dire, nous pensions que tout allait continuer comme avant, sauf que nous serions chapeautés par un grand groupe. »

Et de fait, la première année, les choses se passèrent ainsi. La déraisonnable direction du groupe regarda de près comment sa nouvelle acquisition menait ses affaires. Elle scruta particulièrement les dépenses. Combien coûtaient les matières premières ? Le personnel ? Les petites fournitures de bureau ?

Les costumes-cravates du groupe tombèrent d'accord : il allait falloir serrer les boulons. Ils décidèrent une baisse de 5 % des coûts et rognèrent sur tout, y compris sur le budget papier. Sans en discuter avec les collaborateurs concernés.

Dix mois s'écoulent sans encombre, puis, mi-novembre, les choses se sont compliquées : « J'ai voulu imprimer une liste d'achats, rapporte Yasmine H. Il n'y avait plus de papier dans l'imprimante et plus une seule ramette non plus dans la réserve. Je suis allée au secrétariat demander qu'on passe une commande. Là, surprise, j'apprends que notre budget papier de l'année est épuisé : "Désolé, voyez si un autre service peut vous dépanner". »

Yasmine H. a fait le tour des services voisins, et découvert que tous avaient peu ou prou le même problème. Elle se tira d'affaire en vidant la moitié du papier d'une photocopieuse, mais ce ne fut que temporaire. Une semaine plus tard, toutes les réserves de papier de l'entreprise étaient épuisées.

Le gérant, sous la pression des chefs de service, s'en alla frapper à la porte de la grande direction, au siège… où il se heurta à une fin de non-recevoir. « Les budgets n'ont pas à s'adapter à vos besoins, c'est à vous d'adapter vos besoins aux budgets, lui répondit-on. Ça fonctionne ainsi partout dans le groupe. Faites donc marcher votre imagination et trouvez-nous une solution qui ne coûte rien ! »

Aussitôt dit, aussitôt fait : « Nous avons tout simplement pris du papier à en-tête, raconte Yasmine H. Il en restait encore. » Mais cela aussi ne fut que temporaire : mi-décembre, il n'y avait plus une feuille ni de papier blanc, ni de papier à en-tête dans toute la maison. L'entreprise ne pouvait plus relancer un client, établir une facture ou faire un courrier.

Il n'était plus question d'être inventif, mais efficace. Ceux des collaborateurs qui avaient besoin de papier se prirent par la main et allèrent en acheter à la papèterie la plus proche, sur leurs propres deniers, et les chefs de service se cotisèrent pour financer l'impression d'un minitirage de papier à en-tête. Et ainsi un industriel de l'agroalimentaire dont les bénéfices se chiffraient en centaines de millions put-il finir l'année grâce aux dons de ses salariés.

Que ceux qui croiraient encore que l'économie planifiée à la manière soviétique a disparu jettent un œil sur les grands groupes : impossible d'y bouger le moindre petit doigt sans autorisation préalable. Depuis l'invention de l'armure au Moyen Âge, le monde n'a rien connu de plus rigide que la planification budgétaire ou les ressources humaines d'une grande entreprise.

Dans son désormais classique *Les risques de l'excellence*, l'éminent conseiller en développement stratégique et membre du corps enseignant de Stanford, Richard Tanner Pascale, identifie trois causes de disparition des grosses entreprises : leur suffisance, leur inertie et leur bureaucratie[38]. Sur les 500 entreprises du classement du magazine *Fortune* (qui répertorie les entreprises américaines par ordre de grandeur), 143 avaient disparu de la liste cinq ans plus tard.

Que se passe-t-il quand les collaborateurs n'ont le droit de prendre aucune décision, quand ils dépendent pour le moindre geste de ce qu'approuvent ou n'approuvent pas les grands manitous de la direction ? Il n'y a pas que l'enthousiasme au travail qui s'effrite. Les plans du *management*, qui nécessitent d'être testés et affinés, sont toujours à la traîne de la réalité qui, elle, n'a pas besoin de galop d'essai pour avancer et se transformer.

À l'heure de la globalisation, quand les connaissances doublent tous les cinq ans, quand le manège des affaires tourne de plus en plus vite, toute seconde perdue peut se traduire par la perte d'un marché et tout marché perdu peut être le premier clou du cercueil d'une (jadis) grande entreprise.

Objet : comment un collègue fut accusé d'espionnage industriel

Il avait fait ce que nous faisions tous couramment : pour pouvoir continuer à travailler sur ses plans pendant le week-end sans avoir à trimballer son ordinateur portable, il s'était envoyé un mail avec pièces jointes, de son adresse professionnelle à son adresse privée.

Cinq jours plus tard, le service de sécurité est venu le chercher dans notre grand bureau en *open space* pour le flanquer à la porte de l'usine comme un criminel. Motif : espionnage industriel. Punition : licenciement sans préavis.

L'une des innombrables directives du règlement intérieur du groupe stipulait que « les données confidentielles » ne devaient en aucun cas sortir du périmètre de l'usine, que ce soit par mail ou sur un support informatique. Les plans sur lesquels nous travaillions étaient aussi peu confidentiels que le prix de l'essence de la station-service voisine – c'était du simple travail de routine.

Le collègue sur qui c'était tombé était un modèle de fiabilité et de loyauté. Il travaillait depuis vingt-cinq ans pour le groupe. La décision de licenciement étant intervenue sans que notre chef de service ait été consulté, il est monté à la charge, a expliqué à la direction dans quel contexte les faits s'étaient produits et pris la défense de son collaborateur. Mais les directeurs n'ont pas voulu perdre la face. Ils ont maintenu qu'il s'agissait de données « confidentielles » et que l'apparente ardeur au travail de notre collègue était une forme habile « d'espionnage industriel. »

C'est le conseil des prud'hommes qui a mis un terme à cette absurdité : la bonne foi du collègue a été reconnue et il a réintégré le groupe. Depuis cette histoire, nous savons que la boîte attache plus d'importance à ses directives qu'à ses salariés. Nous ne sommes plus très chauds pour faire des heures supplémentaires. Surtout à la maison et non rémunérées.

Pablo M., dessinateur industriel

Règlement intérieur de l'asile – art. 30 : Vouloir faire deux fois plus de kilomètres avec un réservoir deux fois moins plein est idiot. Vouloir doubler les résultats en divisant les budgets par deux est une décision de direction financière.

Des ruines, encore des ruines

La folie a un nom, c'est la « restructuration ». Le concept est censé donné un sentiment de sérieux, d'organisation, de fin du chaos. En réalité, il signifie l'exact contraire. Une restructuration est un tsunami : elle balaye tout ce qui a été construit au fil des années et ne laisse derrière elle que des ruines, du désordre et des collaborateurs désorientés.

Ce pouvoir destructeur ne surprend personne, sauf les *big boss* de l'état-major. Que faire une fois que l'eau s'est retirée et que les dégâts apparaissent dans toute leur ampleur ? Quand des services qui travaillaient en synergie ont été coupés les uns des autres ? Quand des collaborateurs dont l'expertise était primordiale ont été licenciés ? Quand les économies et les contrats espérés par le nouveau modèle économique se font attendre ?

À votre avis ? Eh bien on met sur les rails une nouvelle restructuration. Les nouvelles équipes dont les membres ont tout juste appris les noms, les nouveaux modèles budgétaires qui étaient si formidables, les nouveaux chefs, auxquels les collaborateurs s'habituent tout juste – tout est balayé par la vague suivante, qui laisse le même champ de ruines derrière elle.

J'exagère ? À peine. Le nombre de maisons de fous qui travaillent en permanence à se redéfinir est tout à fait extraordinaire. Quelles unités sont fusionnables, quels groupes de produits divisibles ? Quelles branches sont – selon l'humeur – fusionnables ou démantelables ? Sur lesquelles doit-on se recentrer et desquelles doit-on se séparer ? Lesquelles redéployer sur la province et lesquelles internationaliser ? Et quels collaborateurs pourrait-on mettre, un coup sous l'autorité de tel petit chef, un coup sous celle de tel autre, comme on accroche du linge sur la corde, ou bien, quand la pince à linge budgétaire ne veut plus pincer, envoyer du côté de chez Pôle emploi ?

Ma cliente Béatrice K., 49 ans, est salariée d'un grand groupe agroalimentaire. Elle vit l'accélération des restructurations au quotidien. Au cours des six dernières années, cinq directeurs se sont succédé à la tête de son service : « À chaque fois qu'un nouveau arrive, je me demande s'il va rester suffisamment longtemps pour que ça vaille la peine que j'apprenne son nom. »

Et chaque nouveau directeur change l'ordre de marche. « Le premier est arrivé à une époque où la politique maison était d'occuper tous les segments. Notre directeur n'avait que ça à la bouche. Au bout de six mois, si on m'avait réveillée en pleine nuit, j'aurais dit : "Il faut occuper tous les segments !" avant même d'ouvrir les yeux. »

Deux trimestres furent nécessaires pour trouver de nouveaux fournisseurs, introduire de nouvelles gammes de produits et construire un plan marketing. Patatras, trois mois plus tard, nouvelle restructuration. Béatrice K. a un nouveau directeur. Qui inverse la vapeur. « Il nous a expliqué que nous avions passé neuf mois à tout faire de travers. Lui, son mantra, c'était : "Quand on occupe tous les segments, on n'en occupe aucun correctement !" Il nous a priés de nous recentrer sur les bonnes vieilles marques qui avaient fait leurs preuves et de supprimer "toute la camelote", comme il disait, de l'inventaire. »

© Groupe Eyrolles

Les nouvelles directives firent sur la motivation des salariés l'effet d'un orage sur un pique-nique : « Nous avons eu l'impression d'être les dindons de la farce. Nous avions tant travaillé pour rien ? N'aurait-il pas fallu donner à la nouvelle formule une chance de s'installer dans la durée ? Et de quoi allions-nous avoir l'air, nous, acheteurs, face aux clients auxquels nous avions arraché de très bonnes conditions tarifaires en échange de la promesse de commandes pérennes ? »

Cette passe difficile n'eut elle aussi qu'un temps. Douze mois plus tard, une nouvelle vague de restructuration balaya le groupe, avec cette fois pour résultat que le service de Béatrice K. se retrouva avec une direction bicéphale. Le directeur fut remplacé par un directeur *et* une directrice.

« L'horreur. Ce fut la pire période de ma carrière, rapporte Béatrice K. La chef me donne l'ordre de sécuriser un gros contingent de livraison. Ce que je fais. Aussitôt le chef déboule dans mon bureau et me reproche d'avoir pris des décisions sans l'informer. Ils ne pouvaient pas s'encadrer. Et nous en faisions les frais. »

Il apparut par la suite – cette période, elle non plus, ne dura pas plus d'un an – que cette direction bicéphale n'avait pas vocation à durer dans le temps. Deux camps s'étaient opposés au sommet de la direction pour occuper ce poste stratégique. Faute de pouvoir s'entendre, chacun avait installé le candidat de son choix dans le fauteuil, en espérant bien qu'ils allaient s'écharper et qu'il n'en resterait qu'un.

Les restructurations ne sont souvent que les tristes répercussions de luttes de pouvoir internes. Les uns, partisans du centralisme, imposent la fusion à grande échelle de différents secteurs d'activité. Les autres, adeptes du fédéralisme, encaissent en grinçant des dents. Si jamais les résultats escomptés se font attendre, si les caisses tardent à se remplir, le rapport de force s'inverse. Les fédéralistes reprennent la main, ce qu'une nouvelle restructuration met en évidence. Cette fois, les secteurs d'activités récemment fusionnés sont dissociés et redeviennent des entités à part entière.

Ce désordre a pour résultat tangible que les collaborateurs ne prennent plus les décisions au sérieux. Ils pensent qu'il n'y a rien que du n'importe quoi derrière ce qu'on leur vend pour de la stratégie et ils finissent par mettre suffisamment de temps à appliquer les nouvelles directives pour tenir jusqu'à la restructuration suivante.

Les clients ne sont pas les derniers à souffrir de cette alternance. Au lieu de s'occuper d'eux et de l'évolution de leurs besoins, l'entreprise leur impose de s'adapter à l'évolution de ses structures. Ce qui valait encore hier ne vaut plus aujourd'hui, tout est chamboulé, les interlocuteurs que l'on connaissait sont remplacés, et le client est transformé en cobaye. Du moins jusqu'à ce qu'il aille voir comment ça se passe du côté de la concurrence.

En 2007, le cabinet de conseil en stratégie Roland Berger a fait réaliser une étude dont les résultats cadrent étonnamment peu avec le ressenti des salariés : une majorité d'entreprises prétendit qu'elles réagissaient aux crises par des restructurations moins rapidement que par le passé – tous les 20 mois en moyenne (contre 14 en 2003)[39]. Et la question n'était pas : « En combien de temps répondez-vous aux suggestions d'amélioration d'un collaborateur ? »

Un autre résultat de la même étude est d'autant plus crédible : quatre entreprises sur dix reconnaissent que la planification stratégique est l'alpha et l'oméga d'une restructuration. Sur quoi 80 % des entreprises concèdent qu'elles ne sont pas parvenues à appliquer avec succès leurs propres plans…

Quelles chances une restructuration *planifiée* a-t-elle d'aboutir si la stratégie définie n'est pas respectée ? Le *manager* qui ne maintient pas fermement le cap, qui se laisse béatement porter par le courant, un jour par ici, demain par là, est perçu par ses collaborateurs comme quelqu'un d'indécis et d'imprévisible.

Au moins les dégâts ne sont-ils pas éternels, c'est toujours ça. La restructuration suivante est déjà dans les *starting-blocks*, qui va déblayer les ruines de celle qui l'a précédée et en laisser à son tour derrière elle.

> **Règlement intérieur de l'asile – art. 31 :** Un tsunami est inoffensif. Le cobra est un reptile charmant. Une restructuration fait beaucoup avancer une entreprise.

6

La folie peut aussi être héréditaire : le cas des PME

Les petites et moyennes entreprises ne sont pas petites et moyennes en tout. Question étroitesse d'esprit, avarice et surestimation de leurs qualités, elles sont même nettement au-dessus de la moyenne. Ce chapitre vous révèle…

- pourquoi les PME sont d'abord infaillibles… puis insolvables ;
- comment un patron, surnommé Picsou, fit plus qu'honneur à ce nom ;
- pourquoi les idées des salariés maison sont toujours stupides et celles des concurrents géniales ;
- et comment un héritier a réussi à plomber définitivement les comptes de l'entreprise familiale.

NOTRE PÈRE, QUI RÉGNEZ SUR MA PETITE ENTREPRISE

Toutes les PME ne sont pas des maisons de fous et toutes ne se prennent pas pour le nombril du monde, mais force est de constater que la mégalomanie est un trait qu'elles sont nombreuses à partager.

Cette mégalomanie s'explique, entre autres, par la place qu'elles occupent dans leur microcosme. Le patron de PME-maison de fous est dans sa région ce que le prince y était autrefois : l'employeur, celui qui donne du travail et donc du pain. La PME locale est parfois toute la fierté d'une région, son étendard.

Ce père employeur mène à 50, voire 100 kilomètres à la ronde, tout un petit monde par le bout du nez, politiciens locaux compris. Pas un terrain sur lequel il ambitionne de s'étendre qui ne devienne subitement constructible – et tant pis si un précieux biotope n'y survit pas.

Toute la région lui fait des courbettes, prie pour lui, ferme les yeux sur telle irrégularité ou lui accorde des largesses.

Cette cour assidue n'est pas sans risque. Comment en effet être certain que ce chef d'entreprise va garder le sens du réel ? À force d'être traité comme un astre radieux, il ne tarde pas à croire qu'il en est un, même si son rayonnement ne dépasse guère les portes de la ville.

Les collaborateurs sont priés de garder leurs bonnes idées pour eux. Je me souviens ainsi d'un client qui, à la fin des années 1990, avait maintes fois alerté son patron sur les opportunités de développement dans les pays de l'Est, d'autant que la concurrence devenait de plus en plus rude intra-muros. Celui-ci avait balayé la suggestion d'un revers de main. À quoi bon aller voir ailleurs, quand ce qu'il avait sur place suffisait largement à faire tourner l'entreprise ?

Ce n'est que des années plus tard, quand les résultats s'effondrèrent, qu'il se souvint de l'idée de mon client. Malheureusement, les conditions de prêts s'étaient entre-temps considérablement durcies et il n'était plus question de se frotter à l'international, d'autant que plusieurs concurrents avaient tenté le saut avant lui et déjà chaussé les meilleures pantoufles. Deux ans plus tard, la belle entreprise familiale mettait la clé sous le paillasson.

Pourtant, c'est précisément la force des PME de pouvoir réagir *rapidement* aux fluctuations des marchés, de pouvoir répondre *rapidement* aux demandes de leurs clients. D'ici qu'un grand groupe ait pris une décision et réorienté sa stratégie, les PME ont le temps de conquérir le marché et d'avoir déjà une nouvelle idée dans les tuyaux.

Il est vrai que le degré de souplesse dépend beaucoup de la génération qui est aux commandes. En règle générale, les fondateurs sont nettement plus réactifs que leurs héritiers. Quand on est le fils ou la fille du patron, on est souvent tenté de croire que l'argent avec lequel on jongle vient du compte en banque de papa, pas de celui des clients. Alors, le sens du client a vite fait d'être perdu – et l'entreprise de se retrouver dans le pétrin.

Un autre danger guette le patron-propriétaire de PME : il confond souvent ce qui se passe dans son rayon d'action avec le marché national, voire international. C'est l'histoire d'un fabricant de tournevis du Sud-Est dont les produits sont partout dans les ateliers et grandes surfaces de bricolage de sa région. Une promenade parmi les rayons de clients potentiels l'incite à croire que pénétrer le marché national va être aussi facile que percer un mur en carton avec une perceuse à percussion. En réalité, dans le Sud-Ouest et dans le Nord, ses représentants ont beaucoup de mal à placer les produits maison, un fait que l'entreprise minimise, au lieu d'y voir une opportunité de développement futur.

La proximité avec la clientèle régionale n'est pas qu'une chance de repérer rapidement les problèmes, c'est aussi un risque de ne pas les voir. Le jugement des fan-clubs locaux est rarement représentatif de l'opinion générale. C'est comme si l'on demandait à des Marseillais ce que signifiaient pour eux les lettres OM et déduisait du constat qu'un sur deux était supporter du club de foot, que la moitié des Français l'était aussi, ce qui représenterait quelques 30 millions de supporters.

Cette vision étroite incite à l'excès d'orgueil et aux mauvaises décisions. Des produits qui se vendent localement comme des petits pains peuvent ainsi être diffusés à l'échelle de l'hexagone, où l'on découvre qu'ils n'intéressent personne.

Les patrons de PME locales auraient beaucoup à gagner à encourager leurs salariés non pas à servir, mais à penser.

Il serait bon aussi qu'ils sortent un peu de leur territoire et regardent leur entreprise de l'extérieur et sans indulgence. Ils se rendraient compte que leurs royaumes ont des frontières, leurs offres des défauts. Ce n'est qu'en se remettant sans cesse en question qu'une PME peut progresser.

Objet : Pourquoi il fallait que mon patron gagne les paris de football

Le patron de notre PME veut toujours avoir raison, il est connu pour ça. Personne n'ose le contredire, *a fortiori* quand il a tort. Ce qui s'est passé lors de la coupe du monde de football de 2006 m'a tout de même laissé bouche bée. Un petit club de pronostics s'était monté au niveau de l'entreprise. Le patron, qui savait tout mieux que tout le monde, se prenait naturellement pour le meilleur connaisseur en foot.

Sauf qu'il n'arrêtait pas de se planter avec ses pronostics et qu'il s'est retrouvé avant-dernier en moins de deux semaines. Il était d'une humeur de chien, râlait sur tout. L'ambiance commençait à devenir irrespirable.

Un matin, sa secrétaire a fait le tour des bureaux dans le plus grand secret pour nous supplier « d'aider un peu le patron ». L'idée était que nous fassions exprès de miser de travers pour que le chef retrouve sa bonne humeur, et sa place favorite tout en haut de la hiérarchie.

Beaucoup de collègues ont joué le jeu et soigneusement misé contre leurs favoris. Pour que la paix revienne dans les murs, pour apaiser le Dieu-patron qui commençait à grogner très fort. Moi j'ai seulement secoué la tête, consterné.

Jean-Michel L., directeur des ventes

Règlement intérieur de l'asile – art. 32 : Des mauvaises langues prétendent qu'un patron de PME arrive juste après Dieu. C'est tout à fait inexact : il arrive avant !

Picsou ou l'épargne radicale

« Picsou », ainsi les salariés d'une petite entreprise de l'industrie de transformation appelaient-ils secrètement leur PDG dont le rapport à l'argent leur faisait irrésistiblement penser au canard le plus riche et le plus radin de la bande dessinée.

L'entreprise de Picsou-le-Patron occupait une niche commerciale. La concurrence n'était pas féroce, année après année, un rondelet bénéfice à six chiffres tombait dans son escarcelle. Mais autant Picsou était déterminé et prompt à faire rentrer l'argent, autant il était réticent à le dépenser.

Dans les couloirs, à la cantine, les salariés, dont je conseillais l'un d'entre eux, se régalaient de dizaines d'histoires, comme celle-ci, qui eut plusieurs témoins. Un matin, Picsou a surgi dans un bureau en *open space*. L'un des collaborateurs était en train de manipuler un store électrique. « Combien de fois par jour manipulez-vous ce store ? lui demande poliment le patron.

– Cela dépend du soleil, répond innocemment le collaborateur.

– Et plus précisément ?

– Pour dire la vérité, je n'ai encore jamais compté. Est-ce vraiment important ? »

Cette fois, le chef prend un ton sévère : « Avez-vous déjà réfléchi à ce que ça coûte ? Il n'y a pas que le store qui monte, la facture d'électricité aussi. Et l'augmentation des prix de l'électricité me soucie sérieusement. »

Le collaborateur prend une longue inspiration : « Mais le store est là pour être monté et descendu selon les besoins.

– Non, ce n'est pas un jouet, c'est une protection solaire. Je ne touche pratiquement jamais au mien. »

Tout ce qui signifiait une sortie d'argent mettait Picsou dans tous ses états. Qu'un salarié demande une augmentation, un chef de service une rallonge de budget ou un client une remise exceptionnelle, il avalait de travers. Autant demander au directeur de la caisse d'épargne locale de subventionner un club d'anciens braqueurs de banque désargentés.

Le directeur du développement déplorait l'obsolescence de la gamme de produits, mais son budget, calculé au plus juste depuis dix ans, ne lui permettait aucune innovation technologique, seulement le perfectionnement des vieux produits. Un nouveau produit aurait pourtant consolidé les positions de l'entreprise et permis à moyen terme une augmentation des bénéfices. Mais le patron ne voulait rien savoir et servait à tous la même réponse : « Je vis de ce que je gagne, pas de ce que je dépense ! »

Il y avait au moins une chose que ses collaborateurs ne pouvaient pas lui reprocher : de n'imposer cette politique restrictive qu'aux autres. Il était lui-même d'une frugalité qui aurait fait passer un moine pour un noceur invétéré. Il portait des costumes trois pièces comme on n'en voit plus que dans les films d'avant-guerre et avait évité de s'encombrer d'une femme et d'enfants. En échange de quoi il était marié avec son entreprise.

Pour ce qui était des prix et des salaires, ses critères dataient de la même époque que ses costumes : d'il y a trente ans. Sa secrétaire n'en pouvait plus de l'entendre se lamenter sur l'effroyable hausse des prix dès qu'il devait signer un bon de commande pour des trombones ou viser les frais d'un déplacement professionnel. « Avec ce vol, on est à

8 200 ! Si on dépensait ça tous les jours, ça nous ferait 246 000 par mois !

– Pas 8 200, 1 250, rectifia timidement la secrétaire.

– Ah, alors vous aussi vous tombez dans le piège !

– Dans quel piège ?

– L'euro ! Je ne compte qu'en francs. Il n'y a que comme ça qu'on se rend compte que les prix ont explosé ! »

L'anecdote peut prêter à sourire. Pourtant, un patron aussi près de ses sous n'est pas une catastrophe que pour ses collaborateurs, il l'est aussi pour son entreprise. Ses affaires marchent parce qu'il occupe une niche. Mais que va-t-il se passer quand des concurrents vont se manifester ? Quand ils vont lui grignoter des parts de marché avec ces innovations sur lesquelles il économise ? Quand ses meilleurs collaborateurs, faute d'augmentation de salaires, vont s'en aller avec leurs savoirs et leurs talents ?

Vouloir économiser à tout crin produit l'effet inverse de celui escompté. Rogner sur les salaires des collaborateurs est le plus sûr moyen de les jeter dans les bras de la concurrence. Rogner sur la promotion revient à durablement oblitérer l'avenir. Quant à rogner sur les petites fournitures de bureau, rien de tel pour démotiver les troupes.

La folie de l'épargne ne se déchaîne pas que dans les PME. Elle touche les grands groupes avec la même vigueur. IBM France a par exemple annoncé en mai 2012 vouloir pratiquer un gel des salaires, alors que les dividendes du premier semestre avaient augmenté de 13 %[40] – une pratique qui n'est pas isolée. Il y a de l'argent. Sauf qu'il n'est pas pour les salariés. Comment est-il possible que le personnel ait si peu d'importance et les actionnaires autant ?

Avec les années, une évidence m'est apparue : dans les maisons de fous, les préposés à l'épargne sont en ordre de marche, quelle que soit la conjoncture. *Avant* la crise, il faut épargner parce que la crise *arrive*. *Pendant* la crise il faut épargner parce que *c'est* la crise. Et *après* la crise on épargne parce qu'il faut se remettre de la crise !

D'après une étude internationale portant sur la gestion de la crise par les entreprises de plus de mille salariés, depuis le début de celle-ci, 72 % d'entre elles ont procédé à une restructuration, 68 % ont stoppé les embauches, 60 % ont gelé les salaires et 55 % ont renoncé aux heures supplémentaires ou n'en ont qu'exceptionnellement rétribuées[41]. Et pendant le même temps, elles versaient des dividendes. Cherchez l'erreur.

Et si on introduisait une mesure d'économie totalement inédite, applicable dans les PME comme chez les géants mondiaux ? Si on introduisait la générosité ? Une entreprise canadienne a fait un jour un cadeau à ses employés : elle a donné une prime à chacun, sans raison particulière. Et qu'ont fait les employés ? Ils ont travaillé avec un regain d'énergie. Le lendemain même du versement de la prime, la productivité de l'entreprise augmentait de 10 %. Les effets furent marquants chez les anciens salariés qui modifièrent durablement leur attitude au travail[42].

Au bout du compte, la générosité avait réussi là où les compressions de coûts au détriment des collaborateurs avaient superbement échoué.

> **Règlement intérieur de l'asile – art. 33 :** Un bon *cost killer* tire sur sa victime jusqu'à ce qu'il n'y ait plus qu'une passoire là où il y avait une entreprise.

Chez Moutons de Panurge et Cie

Il s'appelait Frank, il était élève dans l'autre CM1 de l'école. Un jour, il s'est promené dans la cour en jouant avec un drôle de petit objet rond et multicolore. Il le lançait d'un coup sec vers le sol et il remontait à toute vitesse le long d'une ficelle, alors il le relançait et il remontait dans sa main. Fascinant. On n'avait jamais vu un truc pareil.

Le lendemain, cinq gamins jouaient avec un yoyo dans la cour sous les regards admiratifs de 500 autres. Une semaine plus tard, la moitié des élèves lançaient et faisaient remonter des yoyos. Et deux semaines plus tard, on serait plutôt arrivés tout nu à l'école que sans yoyo. La cour grouillait de lanceurs de yoyo. Même un des professeurs d'EPS se joignit aux joueurs.

Pourquoi je vous raconte cette anecdote ? Parce que j'observe ce même comportement moutonnier dans les entreprises. Vous êtes-vous déjà demandé quelle impulsion il fallait pour que votre entreprise engage une nouvelle stratégie promotionnelle, cible une nouvelle clientèle, ose se diversifier à l'international ou simplement achète une nouvelle machine ?

Vous croyez que ce sont les collaborateurs de l'entreprise qui introduisent ces nouveautés ? Allons donc ! L'histoire d'Olivier T., 28 ans, employé de bureau dans une entreprise de transport, est à ce titre exemplaire. Alors que la crise ralentissait les affaires, il eut une idée : « Pourquoi ne pas louer nos camions à des particuliers quand nous n'avons pas de transports ? proposa-t-il à son patron. Ils rapporteraient de l'argent au lieu de rester inutilisés dans la cour.

– Nous sommes une entreprise de transport, aboya le patron en retour, pas un loueur de bagnoles ! Souvenez-vous-en ! »

Vexé, Olivier T. battit en retraite en se jurant de ne plus jamais importuner son patron avec des idées saugrenues. Et l'affaire en resta là. Temporairement.

Quelques mois plus tard, elle ressurgit, il est vrai en prenant un tour inattendu. Le transporteur concurrent local, qui connaissait lui aussi un passage à vide, proposa ses camions à la location. Les conditions étaient plus avantageuses que celles d'un loueur traditionnel et la procédure simplifiée au maximum.

On vit bientôt les camions du concurrent, qui jusque-là prenaient directement le chemin de l'autoroute, sillonner les rues de la petite ville. Pour un déménagement, pour transporter un bateau au chantier naval, ou bien un novice qui venait juste d'obtenir son permis poids lourds voulait se faire un peu la main. L'affaire marchait du tonnerre.

Olivier T. ne tarda pas à être convoqué dans le bureau du patron. Le directeur voulait-il s'excuser d'avoir si grossièrement rejeté son idée et reconnaître qu'il s'était trompé ? Aucunement. « Il y a de drôles de hasards, attaqua-t-il. Vous me proposez de louer nos camions et voilà que quelques semaines plus tard nos concurrents ont la même idée !

– Oui, c'est vraiment dommage qu'on n'ait pas été plus rapides qu'eux.

– Ce qui est dommage, c'est que vous soyez allé leur suggérer l'idée ! »

Olivier T. crut qu'il avait mal entendu.

« Mais je n'ai jamais fait ça ! Je ne leur ai rien suggéré du tout !

– Alors comment expliquez-vous que l'idée surgisse justement maintenant et sous notre nez ?

– Notre concurrent a en ce moment aussi peu de missions que nous, et il cherche à gagner de l'argent. Voilà tout. »

Un principe vaut dans toutes les maisons de fous : les salariés n'ont jamais de bonnes idées, surtout quand ils se mêlent de bousculer les sacro-saintes habitudes. Le seul fait qu'une entreprise ne soit pas encore insolvable est considéré comme la preuve qu'elle va bien et qu'il n'y a rien à changer au modèle économique en vigueur.

« On a toujours fait comme ça » est le paravent derrière lequel se cachent des légions entières de *managers*. Comme s'il n'était pas indispensable qu'une entreprise évolue et se transforme pour s'adapter aux marchés et à son environnement.

Mais que se passe-t-il si l'entreprise concurrente sort des sentiers battus ? « Et si nous faisions la même chose ? » entonne aussitôt le décideur en chef en s'engouffrant dans la brèche. Les idées des autres sont toujours de bonnes idées. Comme si chez eux, les salariés avaient la science infuse. Combien de machines ont été achetées, combien de diversification entreprises, de modèles économiques testés non parce que c'était pertinent, mais parce que la concurrence le faisait ?

Je connais des commerçants qui se sont mutuellement poussés à la faillite. La règle du jeu est toujours la même : l'un des deux baisse tellement ses prix qu'il vend certes beaucoup mais ne gagne pas un centime. L'autre, voyant que le magasin de son concurrent ne désemplit pas, imagine qu'il gagne des fortunes et s'empresse de l'imiter. Il casse à son tour ses prix.

Et ainsi de suite, le tourbillon s'accélère jusqu'à ce que poursuivant et poursuivi rendent les armes, vidés, exsangues, l'un et l'autre en faillite.

L'idée stupide d'un autre ne se transforme pas en coup de génie en la reprenant à son compte. Pire, il peut même arriver que copier une bonne idée mène à une impasse. Parce que celui qui copie marche toujours dans les pas d'un autre, il n'est jamais en première position.

Quand le patron d'Olivier T. a voulu se lancer lui aussi dans la location temporaire de camions, il a pris une gamelle. Son concurrent occupait déjà le marché. Au surplus, de nombreux clients préférèrent rester fidèles au loueur « original » plutôt que faire affaire avec cette entreprise qui à l'évidence n'avait fait que copier la bonne idée de l'autre.

Objet : Comment je suis devenue malgré moi membre du fan-club de mon patron

Mais qu'était-il arrivé à notre patron ? Pour la première fois dans l'histoire de notre petite entreprise, voilà qu'il organisait un voyage, une excursion en Alsace, avec promenade en bateau, déjeuner, visite de Strasbourg et, ainsi était-ce libellé sur l'invitation, « une soirée surprise ».

Nous nous demandions tous ce qu'allait être cette surprise. Une sortie au théâtre ? Un dîner gastronomique ? Une grande fête ?

Ce qu'elle fut dépasse tout ce que nous avions imaginé. À sept heures du soir pile, le patron nous a traînés à un débat public – nous, c'est-à-dire 74 personnes, l'effectif de la maison au complet. Il était l'un des intervenants, le sujet, une controverse dans l'air du temps. La surprise de la soirée consistait à écouter ce qu'il disait et à ponctuer chacune de ses pensées profondes d'applaudissements nourris.

Quel succès ! L'accueil réservé par « la salle » au point de vue de notre patron a beaucoup impressionné les autres intervenants. Le petit voyage d'entreprise n'avait manifestement pas eu d'autre but que de nous faire faire la claque. Depuis, quand on entend parler d'un débat public, on se fait un appel du coude : « Et si le CE organisait une petite excursion ? »

Clémence T.-L., assistante commerciale

Règlement intérieur de l'asile – art. 34 : Les idées des salariés d'une entreprise sont idiotes parce que ce sont les idées des salariés de l'entreprise. Les idées des concurrents sont géniales parce que ce sont les idées des concurrents.

QUAND LES HÉRITIERS GÂCHENT LA FÊTE...

L'homme qui vint me voir en consultation était honorablement connu. À soixante-quinze ans, il était toujours aux commandes de son entreprise, l'une des plus florissantes de son secteur. Il avait un problème. « Mon fils, me dit-il, doit reprendre l'entreprise, mais il n'en veut pas. »

J'eus deux entretiens distincts, l'un avec le père, l'autre avec le fils. Le décalage était flagrant. Le père, un entrepreneur de la vieille école, avec costume sur mesure et pochette, avait les yeux qui brillaient dès qu'il parlait de son entreprise. À vrai dire, il ne parlait pas, il vibrait. Son entreprise était son enfant, sa passion, sa vie.

Il comprenait d'autant moins pourquoi son fils préférait travailler chez les autres, « de surcroît pour un salaire ridicule ! », au lieu de reprendre ce petit bijou qu'était l'affaire familiale. Le « garçon », qui allait tout de même sur ses trente-cinq ans, « ne pensait qu'à faire des conneries », notamment de la « musique qui hurlait » avec un groupe de rock.

J'ai reçu ensuite le fils. Il est arrivé vêtu d'un jean et d'un blouson en cuir. Je lui ai demandé ce qu'il pensait du souhait de transmission de son père. Sa réponse fut sans équivoque : « Quand j'entends le mot "transmission", j'ai envie de vomir. Pourquoi je devrais enfiler un costume qui ne me va pas ?

– Est-ce parce que vous pensez que ce costume est encore trop grand pour vous ?

– Non, ce n'est simplement pas le bon. Il ne me viendrait pas à l'idée de demander à mon père de reprendre mon groupe de rock sous prétexte que j'aime faire de la musique. Il n'a aucun sens musical.

– Comment pouvez-vous être aussi sûr de pas vouloir diriger l'affaire, ne devriez-vous pas au moins essayer ? »

Il eut un sourire consterné.

« Je connais la boutique par cœur. Depuis que je suis tout petit, je n'ai jamais entendu mon père parler d'autre chose. L'entreprise, l'entreprise, l'entreprise. J'aurais aussi bien pu être un enfant adopté. Son véritable enfant, c'était l'entreprise.

– Vous connaissez l'entreprise de l'intérieur ?

– Oh oui ! Quand je suis entré en 3e et que j'ai eu à faire le stage en entreprise : c'est bien sûr dans la boîte de papa que j'ai dû le faire. Pendant les vacances d'été, je devais travailler dans la boîte. Et quand j'étais étudiant et que mes parents me finançaient, je devais aussi travailler dans la boîte pendant les vacances de février et de Pâques.

– Vous ne pouviez pas refuser ?

– Mon père en aurait été malade. Ou il m'aurait coupé les vivres. Je n'avais pas vraiment le choix. Mais aujourd'hui, je travaille. Ce que je gagne me suffit. Je ne veux plus entendre parler de cette boîte. »

Cette histoire est caractéristique et elle ne l'est pas. Caractéristique dans la mesure où il est classique que le propriétaire d'une entreprise veuille à toute force que ses enfants reprennent le flambeau, sans que jamais entre en ligne de compte qu'ils en aient envie ou en soient seulement capables. Et elle ne l'est pas car il est inhabituel qu'un fils refuse aussi catégoriquement.

L'un de mes clients, directeur des ventes, a vécu de près un changement de génération : « C'est désolant. La famille a mis cinquante ans à mettre l'affaire sur pied et le fils cinq mois à tout ficher en l'air. » La formulation n'est pas exagérée. Le petit constructeur de machines avait perdu des dizaines de contrats. Des collaborateurs parmi les plus attachés à l'entreprise étaient passés à la concurrence et le directeur des ventes lui-même voulait quitter le navire en perdition.

Le personnel ne connaissait que trop le fils. Il s'était déjà fait remarquer lors d'un stage, à 18 ans, en jouant au petit monsieur je sais tout. Puis il avait disparu pendant dix ans pour faire des études dans une université privée suisse (le bruit courait qu'il avait raté son bac et que c'était grâce à l'argent de papa qu'il avait été admis).

Et voilà qu'il était revenu pour prendre la succession de son père, non seulement avec son costume sur mesure et son petit attaché-case mais également les prétentions d'un grand sage de l'économie. Tout ce que les collaborateurs croyaient savoir était de la vieille bibine, tout ce qu'il savait, ce qui se faisait de mieux en matière de *management* scientifique. Il se répandait partout dans les couloirs avec ses bonnes idées.

Le patriarche fit ce que les patriarches font le mieux : il s'accrocha à son pouvoir. Ce n'est que lorsqu'il ne put vraiment pas faire autrement, quand il finit par être plus souvent chez son médecin qu'au bureau, que son fils s'installa confortablement dans le fauteuil de PDG et entama son cortège triomphal.

Dès lors, plus une pierre qui ne fût retournée. Il changea tout ce qu'il était possible de changer. Il dégrada, il promut. Il organisa, puis désorganisa. Il décida et revint sur ses décisions. L'entreprise familiale, qui était jusque-là un modèle de stabilité, tanguait et vacillait comme un ivrogne.

Tout son secteur d'activité fut au courant. Les premiers collaborateurs passèrent à la concurrence, et avec eux des clients. Junior resta de marbre. « On ne prépare pas demain avec les clients d'hier », répétait-il à qui voulait l'entendre. Seul problème : il n'avait pas non plus de clients pour préparer l'avenir. L'entreprise était au bord du dépôt de bilan.

Cette histoire n'est pas un cas unique. De nombreuses sociétés familiales bien gérées se transforment en maisons de fous au changement de génération. Rien d'étonnant à cela. De même qu'on ne constitue pas une équipe gagnante avec les fils d'anciennes stars du football ou que l'on ne fabrique pas un *best-seller* mondial en mettant un stylo dans la main d'un descendant de Tolstoï, le talent entrepreneurial des héritiers n'est-il aucunement garanti.

Quand il s'agit de transmettre leur entreprise, une majorité de patriarches pensent non pas aux compétences de leurs enfants, mais essentiellement à leur sexe. Et les fils l'emportent haut la main. Il faut qu'il n'y ait pas de garçons pour que les filles accèdent aux commandes, alors même qu'elles seraient souvent plus qualifiées[43].

Ce défaut d'objectivité peut coûter cher. Les risques qu'une entreprise coule augmentent à chaque changement de génération. La première génération réussit souvent à maintenir l'entreprise à flots. Mais à la deuxième, la troisième ou au plus tard à la quatrième génération, l'entreprise à toutes les chances de sombrer corps et biens.

L'entreprise peut également changer de main au départ de son fondateur, avec les risques de pertes de savoir-faire et de prise de contrôle par des groupes étrangers que cela implique. Ce cas de figure est très fréquent en France : une étude de KPMG montre que moins de 10 % des entreprises françaises de moins de 10 salariés sont transmises dans le cadre d'une continuité, contre 72 % en Italie ou 55 % en Allemagne[44]. Il faut croire que les névroses familiales sont particulièrement lourdes à porter dans l'hexagone...

Objet : Comment j'ai été promu contre ma volonté

Un jour, le directeur du service m'a demandé de l'accompagner chez notre présidente. J'ignorais totalement de quoi il s'agissait. Quelle ne fut ma surprise quand ils m'annoncèrent de concert que mon supérieur était appelé à d'autres fonctions et que – félicitations ! – j'étais moi-même appelé à prendre sa succession dès le mois suivant.

J'en serais presque tombé de ma chaise. À cinquante-trois ans, j'avais envie de beaucoup de choses, mais certainement pas de diriger le service. Je me permis d'intervenir : « Excusez-moi, mais mon travail d'ingénieur me convient parfaitement. Je n'imagine pas faire autre chose. Je dois malheureusement refuser cette promotion. »

La présidente, habituée à ce que tout le monde lui obéisse au doigt et à l'œil, secoua la tête : « La décision est prise, nous ne reviendrons pas dessus.

– Mais vous ne pouvez tout de même pas, contre ma volonté, me... »

Elle le pouvait. J'eus beau protester et, jouant le tout pour le tout, suggérer de nommer tel ou tel collègue, rien n'y fit. Le lendemain soir, je consultais un avocat spécialisé en droit des affaires : l'entreprise disposait contractuellement de la liberté de m'assigner d'autres tâches, celle de directeur de service comprise.

C'était absurde. Beaucoup de collègues auraient sauté de joie s'ils avaient été nommés à ce poste, mais c'est moi, qui n'avais aucune envie de diriger une équipe, qui avais été choisi. Ma motivation en prit un sacré coup.

Pierre-Alain F., ingénieur mécanicien

> **Règlement intérieur de l'asile – art. 35 :** La mort d'un entrepreneur signe l'arrivée d'héritiers. L'arrivée d'héritiers signe l'arrêt de mort d'une entreprise.

LA GUERRE DES ASSISTANTES

S'il y a un métier que les maisons de fous jugent superflu, c'est bien celui d'assistante. Elles qui souvent travaillent beaucoup pour de petits salaires, brillent par leur absence de l'organigramme.

Il est intéressant de constater que ceux-là même qui ont décidé de supprimer les assistantes – PDG et autres *managers* investis de hautes fonctions – en ont bien évidemment une à leur service. Leur prestige grimpe un peu plus à chaque secrétariat qu'ils suppriment en dessous d'eux, de même que le statut de leur propre assistante, dont ils ne pourraient en aucun cas se passer, au contraire de leurs insignifiants subordonnés.

Mais d'où vient donc cette idée que les assistantes ne servent à rien ? Tous les cadres dirigeants que je rencontre en consultation se plaignent de perdre tellement de temps à faire des choses sans importance qu'ils n'ont en plus assez pour faire leur travail. À l'heure d'Internet et des mails et des SMS, auxquels il faut répondre dans la seconde qui suit, la situation s'aggrave encore. Cela coûte de l'argent et nuit aux capacités intellectuelles : selon une étude de l'Université de Londres, la consultation répétée de ses mails provoque une baisse temporaire du quotient intellectuel de dix points, tandis que fumer du haschisch n'en coûterait que quatre[45].

Une question s'impose : vaut-il mieux qu'un *manager* dirige ses collaborateurs ou qu'il ne s'occupe que du courrier ? On peut certes supprimer les assistantes, pas le travail de secrétariat. Reste aux cadres dirigeants démunis de cette aide à se bagarrer pour gérer le flux permanent de mails, taper à deux doigts sur le clavier de leur ordinateur, retourner une montagne de dossiers et courir entre deux réunions derrière une information qu'une assistante aurait posée sur leur bureau depuis longtemps.

À force de jongler avec l'urgence, ces « dirigeants-secrétaires » perdent de vue l'essentiel. Car où trouveraient-ils le temps de développer des stratégies, de préparer des dossiers importants, de parfaire leur formation et surtout de diriger et d'encadrer leurs collaborateurs, ce qui est l'essence même de leur fonction ?

Le plus souvent, ils sont perçus par ces derniers comme des hommes pressés qui ne tiennent pas compte de leurs besoins (« Vous m'en reparlerez plus tard… »), qui négligent les entretiens annuels d'évaluation et, pour le reste, ne se manifestent que pour se plaindre d'un travail mal fait, annoncer une mauvaise nouvelle ou se décharger de l'une de leurs tâches administratives.

Comment s'en étonner ? Même une journée de dix heures est trop courte pour s'acquitter à la fois des tâches d'un cadre dirigeant et de celles d'une assistante (de surcroît lente et inexpérimentée).

Ces maisons de fous ne voient pas plus loin que le bout de leur nez. Elles économisent 30 à 35 000 € annuels, charges comprises, sur le salaire d'une assistante et en même temps, n'utilisent un cadre qui leur coûte 150 000 € par an qu'à la moitié de ses capacités. C'est comme si un joueur de football professionnel au salaire mirifique était utilisé la moitié de son temps non pas à jouer sur le terrain mais à lancer des ballons à l'entraînement, parce que son club a trouvé judicieux de faire l'économie de lanceurs de ballons.

En contrepartie, les directeurs qui ont encore une assistante savent l'apprécier. Sur 250 cadres dirigeants interrogés, neuf sur dix ne jurent que par leur assistante. La moitié du temps de ces dernières est consacré à des activités de secrétariat classiques (courrier, mails, téléphone, archivage, organisation de déplacements professionnels, préparation de réunions…), mais leur champ de compétence est beaucoup plus vaste. Quatre *managers* sur dix attendent de leur assistante des connaissances en gestion d'entreprise et un sur trois la maîtrise d'une langue étrangère[46]. Nous sommes là plus près de la *manager* suppléante que de la petite dactylo.

J'ai indirectement assisté à un jeu peu glorieux de « bataille d'assistantes » dans une petite entreprise commerciale. Mon client, chef de service, et trois autres chefs de service de même niveau hiérarchique avaient chacun une assistante personnelle.

Un jour, le patron-propriétaire eut la brillante idée de créer « un *pool* d'assistantes ». Ça sonnait chic et riche, mais il s'agissait du contraire : deux des quatre assistantes devaient être licenciées. Les deux assistantes restantes étaient censées constituer le *pool* et faire le travail qu'elles étaient jusque-là quatre à partager.

Le choix des assistantes appelées à conserver leur poste fut confié aux quatre chefs de service. Chacun, naturellement, voulait que son alliée reste en place, sans doute dans le secret espoir qu'elle s'occuperait prioritairement de ses intérêts. Ce fut en outre une lutte de pouvoir : qui parviendrait à imposer son assistante ? Qui allait devoir débarrasser le plancher ?

« L'un de nous quatre voulait à toute force garder son assistante, raconte mon client. Il a commencé à faire courir des bruits sur les autres, par exemple que l'une était la maîtresse de son chef. La mienne se vit reprocher d'être imprécise, ce qui était tout à fait faux. » Chacun a réagi à l'attaque en allumant un contre-feu et ce fut la guerre. Les chefs ne travaillaient plus, ils se bagarraient.

Le directeur général a fini par taper du poing sur la table et imposer son choix. L'assistante de mon client fut l'une des deux choisies : « Ça a fait beaucoup d'envieux. Dès qu'une demande n'était pas satisfaite sans délai par le *pool*, on me disait : ton assistante ne se fatigue pas trop pour nous, elle ne travaille que pour toi ! » La bonne ambiance de travail et la cohésion que les quatre directeurs de service avaient construites au fil des années n'y résista pas.

Le travail de secrétariat en pâtit lui aussi. D'importantes missions passèrent à la trappe, des rendez-vous furent oubliés, des textes contenaient des fautes d'orthographes, des comptes-rendus n'arrivaient pas. Mais était-ce bien surprenant ? La maison de fous avait-elle vraiment cru que deux assistantes abattraient le travail dont quatre avaient déjà eu du mal à venir à bout ?

Une variante d'une citation d'Henry Ford mériterait de figurer dans le livre d'or des maisons de fous : « Le patron qui supprime des postes d'assistantes pour économiser de l'argent ferait bien d'arrêter aussi les pendules pour économiser du temps. »

> **Règlement intérieur de l'asile – art. 36 :** Un directeur peut se passer d'assistante dans la mesure où il fait le secrétariat à sa place. Il appartiendra toutefois au secrétariat de résoudre le problème du remplacement du directeur manquant.

7

« Mon patron est timbré ! »

Tous les patrons n'ont pas une case en moins : chez certains, il en manque deux. Les patrons pathogènes font danser tout leur petit monde au son de leurs lubies. Ce chapitre vous révèle…

- pourquoi les références de nos *managers* sont des souris affamées ou des poissonniers qui braillent, pas les grands théoriciens du *management* ;
- pourquoi le nombre de psychopathes est huit fois plus élevé parmi les *managers* que dans le reste de la population ;
- comment un certain « Jack à neutrons » éleva le licenciement de collaborateurs au rang de sport d'entreprise ;
- et comment le PDG d'une PME réussit à transformer son entreprise en hôpital en instaurant l'attribution de primes d'assiduité.

DES SOURIS ET DES *MANAGERS*

Tous aux abris, Noël approche ! Les 350 salariés de ce petit industriel de la métallurgie redoutaient avec une belle unanimité la cérémonie des vœux qui s'annonçait. Tous les ans, « la fête de fin d'année » leur valait d'être abreuvés de phrases édifiantes comme s'il en pleuvait. Le patron prenait la parole et ne la rendait au mieux qu'une heure plus tard, quand toute la salle dodelinait de la tête.

Son discours était aussi subtil que les cris de guerre d'une tribune de supporters. Il n'énonçait qu'une seule idée par année, par exemple : « Nous devons baisser les coûts », mais la répétait alors cent fois dans toutes ses variantes possibles et imaginables.

Et puis ouf, c'était fini, les salariés pouvaient de nouveau respirer. En fait, ils ne respiraient pas si bien que ça, parce

que le dernier slogan en vogue s'était fiché dans leur tête
et ce n'était plus des jolies décorations de Noël rutilantes
qu'ils voyaient partout, mais un poste de dépenses inutile.

Il y a deux ans, la cérémonie des vœux fit dans l'innovation. « Quand nous sommes arrivés le matin au bureau,
raconte Nicolas B., un assistant marketing de 35 ans, nous
n'en avons pas cru nos yeux : un joli cadeau emballé était
posé sur chaque table. Un livre, à en juger par la forme. »
Les salariés ont commencé par lire la carte qui accompagnait le présent : « Ce que des souris sont capables de
faire – changer – nous le pouvons aussi. Je nous souhaite
une nouvelle année économique prospère, couronnée de
succès et souhaite à chacun d'entre vous d'heureuses fêtes
de fin d'année ! »

Nicolas B. secoua la tête : « Je me suis dit : "Ça y est, le
patron a pété les plombs pour de bon. Qu'est-ce que c'est
que cette histoire de souris ?" » Une fois le livre déballé, il
a compris. Le cadeau était un manuel de *management*, son
titre : *Qui a piqué mon fromage ?*

Nicolas B. a feuilleté le livre. « J'ai tout d'abord cru que
c'était un livre pour enfants. La taille des lettres était exagé-
rément grande. Parfois il n'y avait qu'une seule phrase par
page. » Ces phrases étaient d'une simplicité primitive, par
exemple, « Le bonheur est dans le fromage » ou « Qui
refuse le changement creuse sa propre tombe », ou bien
encore « Bouger avec le fromage et profiter pleinement
de la vie[17]. »

Il s'agissait d'un « roman d'entreprise», un genre ainsi
nommé par les éditeurs pour ne pas dire « niaiseries pour
adultes », ce qui serait plus proche de la vérité. Les messages
véhiculés par ces opuscules sont d'un degré de complexité
à la portée d'un enfant de sept ans.

L'histoire de *Qui a piqué mon fromage ?* est vite résumée : des souris vivent dans un labyrinthe apparemment plein de fromage et dont elles croient la réserve inépuisable. Or, un jour, le fromage disparaît. Deux des souris cherchent de la nourriture dans leur vieil environnement et ne trouvent rien. Les autres se mettent en quête de nouvelles sources d'approvisionnement… et trouvent.

En d'autres termes : c'est en explorant de nouvelles voies qu'on s'ouvre de nouvelles perspectives. Un constat à peu près aussi inattendu que Noël le 25 décembre.

« J'ai lu le livre, raconte Nicolas B. Je voulais pouvoir participer aux conversations. » Comprendre : dénigrer avec les autres.

Dans les couloirs, autour de la machine à café, devant les ascenseurs, dès que des salariés se croisaient, ils courbaient les doigts comme des griffes et se lançaient : « Attention, les petites souris, il y a un gros chat affamé qui arrive ! » ou bien : « Je cherche du fromage ! J'ai un besoin urgent de fromage ! Qui m'a caché mon fromage ? »

Les salariés n'avaient pas été longs à deviner que cette histoire avait autant de rapport avec la réalité qu'un arbre à came avec un arbre.

Le cadeau n'était malheureusement pas censé remplacer le discours annuel du patron, mais le compléter. Cette fois, le grand chef de la maison de fous, en s'appuyant sur la brillante analyse développée dans le petit manuel, disserta sur la nécessité de changer. Son auditoire était plus attentif que jamais – occupé à étouffer des accès de fous rires. « C'était grotesque, résume Nicolas B., dès qu'il commençait à parler de souris et de fromage, je me plaquais une main sur la bouche pour ne pas éclater. Un collègue a dû simuler une quinte de toux et se réfugier dans le couloir. »

Quelques collaborateurs plus ambitieux que les autres ont toutefois promptement assimilé le vocabulaire du patron et saisi toutes les occasions de faire allusion au livre. Les noms de Flair, Flèche, Baluchon et Polochon, les fameuses souris, émaillaient les conversations. Le *boss* était aux anges, mais la plupart des collaborateurs ironisent aujourd'hui encore avec cette histoire de fromage.

> **Règlement intérieur de l'asile – art. 37 :** Quand un livre tombe sur la tête d'un *manager* et que ça sonne creux, cela tient toujours au livre.

DE LA GRANDE INCULTURE DES CHEFS

Dis-moi ce que tu lis, je te dirai qui tu es. Si cet aphorisme est exact, nombre de cadres dirigeants risquent d'entendre des choses désagréables.

Sur dix *managers* que je reçois en consultation, neuf n'ont jamais lu un seul livre de Peter F. Drucker, l'un des plus importants théoriciens du *management*. C'est comme si quelqu'un voulait devenir un grand compositeur sans avoir jamais entendu parler de Mozart. Les manuels pratiques comme *Qui m'a piqué mon fromage ?* ou *Fish* (un roman de motivation très apprécié) peuvent compléter cette lecture de base, mais ils ne la remplaceront jamais.

Ce désintérêt des *managers* pour une littérature qui les concerne directement n'est pas sans conséquence. Quand un cadre ne considère plus ses collaborateurs que comme des boulets dont il est urgent de se débarrasser, quand il se préoccupe plus de réduction des coûts que de développement du chiffre d'affaires, quand il ne considère plus le client que comme un *account* (un compte, en bon français) au lieu d'être à son écoute, alors on peut assimiler ce *management* à courte vue à de la dyslexie dirigeante.

De la dyslexie ? N'est-ce pas exagéré ? Non. Aux États-Unis, des chercheurs ont mis en évidence que 35 % des propriétaires d'entreprise souffraient de troubles de la lecture et de l'orthographe, un pourcentage 350 fois supérieur à la moyenne de la population[48]. Après tout ce que j'ai entendu et surtout lu sur nos *managers*, je crains que nous ne soyons en Europe guère mieux placés, notamment en matière de gestion d'entreprise.

La France, qui se targuait d'être *le* pays de la culture, révise ses prétentions : alors que les chefs d'entreprise constataient déjà il y a quelques années un « affaissement du niveau culturel moyen » des nouveaux *managers*[49], puis que le jury de l'ENA ait noté le « faible niveau » de connaissances des candidats, Science Po supprime l'épreuve de culture générale[50]. Si les « humanités » disparaissent, les grandes écoles restent. Ceux qui en sortent, appelés à diriger les plus grandes entreprises, ont une vision du *management* théorique, hiérarchisée, autoritaire et élitiste : en France, la mention HEC sur un CV a toujours plus de valeur que l'expérience, ce qui a pour conséquence d'augmenter le cloisonnement culturel entre les dirigeants et les équipes des très grandes entreprises[51]. Au niveau des chefs de département, ce sont les anciens élèves des écoles d'ingénieurs qui règnent. Résultat : passer d'une fonction à l'autre, ce qui arrive rarement, revient à changer d'univers.

Trop de directeurs de maisons de fous trônent derrière leur clavier de commande sans avoir la moindre connaissance du solfège. Ils sont arrivés là comme l'Immaculée conception est devenue mère : par miracle. Et sans que rien ne les y ait jamais préparés, si ce n'est un savoir technique qui ne leur est d'aucune utilité. Voilà que le meilleur ingénieur de l'entreprise dirige un jour le département construction, sauf qu'il n'a plus affaire à des chiffres, des modèles mathématiques et des matériaux, qu'il sait manier mieux que personne, mais à des salariés.

Il est tout de même extraordinaire qu'en France, on ne puisse ouvrir un salon de coiffure sans brevet professionnel, et donc un minimum de deux ans d'études, alors qu'aucun diplôme n'est exigé pour diriger une entreprise : du pouvoir suffit. Au cours de leur carrière, les *managers* peuvent apprendre beaucoup de choses, sauf la direction de collaborateurs. Dans le meilleur des cas, le sujet est expédié en quelques jours ou quelques semaines de séminaire intensif.

Ces dirigeants non qualifiés tapent à deux mains sur le clavier mentionné ci-dessus et les salariés se trouvent livrés à leurs fausses notes, à leurs erreurs de décision et à un sabotage injuste de leur motivation.

Est-ce une fatalité ? Absolument pas. La lecture de « vrais » ouvrages de *management* aiderait beaucoup de directeurs de maisons de fous à ouvrir les yeux. Peter Drucker a enseigné le premier qu'une entreprise ne peut être qu'aussi bonne que ses collaborateurs. Il n'a cessé de plaider pour que les salariés ne soient pas considérés comme des facteurs de coûts, mais apparaissent dans les bilans comptables du côté de l'« actif ». Il n'a jamais signé de romans d'entreprise, seulement des essais pointus, quoique toujours écrits dans une langue claire, accessible à tous.

« Dans la plupart des organisations, explique-t-il dans *L'avenir du management*, la croyance qui animait les employeurs du XIXᵉ siècle a toujours cours : on pense que les salariés sont beaucoup plus dépendants de l'organisation que l'organisation d'eux. En réalité, les organisations doivent susciter le même intérêt, voire plus, pour l'appartenance à leurs rangs que pour leurs produits et prestations. Elles doivent attirer des gens, les retenir, reconnaître leur valeur et les récompenser. Elles doivent les motiver, les servir et les satisfaire[52]. »

Ce livre aurait été un bien meilleur cadeau de Noël. Surtout pour le PDG. Pour la première fois peut-être, il se serait abstenu de discourir et aurait songé à demander à ses salariés comment l'année s'était passée pour eux.

Objet : Comment j'ai assisté à mon exécution

Je finissais de taper une lettre que mon patron, directeur d'un cabinet d'avocats, avait enregistrée sur dictaphone, quand un petit incident s'est produit : un autre enregistrement, sur un ton moins clair, comme si on parlait de loin, a démarré à la suite du texte de la lettre. Le patron était au téléphone avec sa femme. Apparemment, il n'avait pas correctement arrêté le dictaphone.

Ce que j'ai alors entendu m'est resté coincé dans la gorge : il me traînait dans la boue, et mes collègues avec moi. Il nous traitait de « tas de paresseuses », nous étions « bêtes à manger du foin » et il se moquait du défaut de prononciation de l'une d'entre nous. Qu'il critique n'était pas nouveau, il l'avait toujours fait. Mais là, il ne s'agissait plus de critiques concrètes, c'était une exécution dans les règles. Désormais, nous savions ce qu'il pensait vraiment de nous.

Tout le bureau est entré en ébullition, nous l'avons sommé de s'expliquer. Il a joué les offensés, s'est défendu en retournant l'accusation : « Ça arrive à tout le monde de se laisser aller à dire des sottises. Je suis bien certain qu'il vaut mieux que je n'entende pas ce que vous racontez sur moi à vos conjoints. » Il a raison. Depuis ce jour, on ne se gêne plus !

Anne C., assistante juridique

> **Règlement intérieur de l'asile – art. 38 :** Pour piloter une voiture de 100 CV, il faut un permis de conduire. Pour piloter cent collaborateurs, il faut seulement cent collaborateurs.

LE *MANAGEMENT* À L'EXPLOSIF

« Mon supérieur m'apprécie », annonça d'emblée Delphine F., 42 ans, en entretien de *coaching*. Chef de produit dans une entreprise du CAC 40, elle formait avec cinq collègues une unité qui organisait la commercialisation de nouvelles gammes de produits.

« Pourquoi pensez-vous que votre supérieur vous apprécie ? lui ai-je demandé.

– Il y a trois mois, nous nous sommes réunis pour un *morning meeting*. Je veux dire nous, les chefs de produit, sans notre supérieur. Nous sommes entrés dans la salle de réunion où notre patron et le grand patron avaient travaillé la veille. Tout d'un coup, Vincent, un collègue, s'exclame : "Regardez, les *boss* ont laissé un *paperboard* sur le chevalet !" Nous sommes tous allés voir. Nos noms étaient inscrits les uns au-dessous des autres.

– Un message à votre intention ?

– Je crois qu'ils avaient tout simplement oublié d'arracher les feuilles. Notre grand patron a une manie : dès qu'il commence à parler, il se précipite vers le *paperboard* et fait en même temps des petits dessins.

– Il y avait donc sur ce tableau des informations qui ne vous étaient pas destinées ?

– Exactement. Un petit symbole était dessiné à côté de chaque nom. Deux collègues et moi-même étions pourvus d'un *smiley*, deux autres, d'un point d'interrogation et le sixième, Vincent, d'une paire d'ailes.

– Comment avez-vous interprété ces dessins ?

– Nous avons pensé que c'était des notes d'évaluation de notre travail, la façon dont les patrons nous voyaient.

– À votre avis, à quoi correspondaient ces symboles ?

– Pour les *smileys*, c'était clair : ça valait entre 15 et 20. Pour les points d'interrogation, nous avons pensé à une note autour de la moyenne.

– Et la paire d'ailes ?

– Eh bien, Vincent est vraiment quelqu'un de charmant, mais dans le travail, il a l'art de se compliquer la vie. On le charge de chercher un détail sur un article et il arrive avec l'historique entier de la gamme. Les ailes l'ont laissé perplexe. Il se demandait ce que ça voulait dire, s'ils avaient peur qu'il "prenne son envol" ou s'il était "un super bon qui planait au-dessus des autres".

– Qu'avez-vous répondu ?

– Rien. On était gênés. Mais plus tard, à la cantine, tout le monde ne parlait que de ça. Les uns pensaient que Vincent allait avoir une promotion…

– Et les autres ?

– Qu'il allait faire un vol plané vers la sortie. »

Cette seconde interprétation était la bonne. Quelque mois plus tard, ses deux supérieurs le convoquèrent, lui offrirent une indemnité de départ et lui montrèrent la porte, avec pour effet immédiat de paralyser le service. « Les collègues à point d'interrogation ne voulaient plus prendre aucune responsabilité, témoigne Delphine F., ils se déchargeaient de tout sur moi et les autres *"smileys"*. Ils se disaient : à la moindre erreur, on se retrouve avec une paire d'ailes ! »

Il faut le souligner, cette histoire a eu pour cadre un groupe tout ce qu'il y a de respectable dont les *managers* sont passés par la case *assessment center*, bénéficient de séminaires de formation et sont soutenus par des *coachs* individuels. Et pourtant, le bon sens semble y avoir cédé la place à la déraison. La maison a été transformée en arène, les salariés en gladiateurs et, dans la tribune impériale, les *managers* décident d'une existence professionnelle d'un geste du pouce.

La décision de licenciement fut prise de façon unilatérale et sans concertation. Jamais personne auparavant n'avait même tenté de demander à Vincent de modifier quoi que ce soit dans son travail. « On lui avait peut-être fait une remarque de temps à autre, rien de plus », se souvient Delphine F.

L'idée idiote consistant à ranger les salariés par catégories comme on classe les champignons en conserve en « premier choix », « deuxième choix » ou « troisième choix » fut introduite par un héros américain du *management* moderne : Jack Welch, le célèbre ancien président de General Electric. Ce patron emblématique fut en son temps surnommé « Jack à neutrons » par la presse économique, en référence aux méthodes explosives, aussi efficaces que la bombe du même nom, qu'il appliquait pour se débarrasser de tout ce qui le gênait, salariés compris.

En matière de gestion des effectifs, il ne jurait que par la sélection. Il avait défini trois catégories de salariés et mis en face trois pourcentages : celle des meilleurs : 20 %, celle des moyens : 70 %, et celle des moins performants : 10 %[53]. Les meilleurs étaient appelés à être couverts de primes, de *stock-options*, de louanges, d'amour et de formations. Les moyens avaient droit à « se sentir faire partie du tout ».

Quant aux 10 % restants, il fallait s'en débarrasser, disait Jack à neutrons, et sans états d'âme.

En d'autres termes : tous les ans, un quota imposé de collaborateurs devait être licencié. Cette philosophie aussi claire que radicale rencontre un écho favorable auprès de maints directeurs de maisons de fous, particulièrement en période de réduction des effectifs.

Mais l'explosif Jack Welch n'aurait-il pas raison ? N'y a-t-il pas dans chaque équipe un collaborateur dont la lenteur freine les autres ou dont la désorganisation fait grimper les taux d'erreurs ? Et n'est-ce pas du devoir légitime de tout cadre dirigeant d'ôter ces fruits pourris de la corbeille, ne serait-ce que pour protéger le reste de l'équipe ?

Seul problème, le directeur de maison de fous, qui ne dirige pas mais *trie* selon un pourcentage prédéterminé, ne prend aucunement en compte l'état absolu de ses collaborateurs, seulement leur état relatif : quand il y a dix pommes dans la corbeille-effectifs, il faut qu'il y en ait une qui soit pourrie, même si elle est belle, rouge, brillante et donne tous les signes d'être bonne. Elle doit être jetée. Dehors, et on n'en parle plus !

Le *manager* qui cherche de façon ciblée le collaborateur le moins performant le trouvera aussi sûrement qu'il passera à côté de ses points forts. Or le cœur même du travail d'un *manager* est de discerner les qualités de *chacun* de ses collaborateurs, d'encourager leur développement et de les utiliser pour l'entreprise. Se concentrer sur les points faibles ne fait que les renforcer, les thérapeutes du comportement le savent bien.

Le patron cité plus haut, qui a désigné un collaborateur au vol plané, a fait un calcul simpliste, sans approche systémique : il n'a vu le problème que chez le collaborateur, pas chez lui. Pourtant, qui a embauché ce collaborateur ? Qui l'a installé au poste qu'il occupait ? Qui a discuté avec lui de ses ambitions professionnelles, établi son plan de formation, analysé son potentiel, son niveau de performance ?

Un *manager* qui montre du doigt un mauvais collaborateur se désigne lui-même comme mauvais *manager*. Cela se vérifie tous les jours. Les collaborateurs, et précisément les soi-disant mauvais, sont toujours le produit du style de *management*. Pourquoi, sinon suite à une erreur d'appréciation, ont-ils été embauchés ? Pourquoi, sinon suite à une erreur d'appréciation, ont-ils réussi leur période d'essai ? Pourquoi, sinon suite à une faute de *management*, ne peuvent-ils bénéficier d'une formation qui les aiderait à évoluer ? Et pourquoi, sinon suite à un défaut de *management*, tombent-ils des nues le jour où ils sont licenciés parce qu'ils n'ont jamais eu de dialogue avec leur patron ?

L'autocritique n'est guère pratiquée dans les bureaux directoriaux : la suffisance délirante et les ego surdimensionnés qui occupent le terrain ne le permettent pas. Le psychologue new-yorkais Paul Babiak a découvert qu'il y avait huit fois plus de psychopathes parmi le personnel dirigeant que dans le reste de la population, où seulement une personne sur cent est considérée comme atteinte d'un trouble mental[54]. Ce sont essentiellement des personnes qui, enfants, ont souffert de blessures narcissiques et aspirent à s'élever. Elles qui, hier, étaient impuissantes, veulent devenir les puissantes d'aujourd'hui, commander pour ne pas être commandées. Diriger pour se fuir.

Or un bon dirigeant ne se comporte pas en égoïste forcené, mais plutôt comme un jardinier. Il aménage une plate-bande, installe chaque collaborateur à la bonne place et arrose le tout pour faire pousser. Observation des réactions, formation professionnelle et échanges productifs amendent le sol – et le socle – des relations. Quand une plante se développe mal, le jardinier se demande ce qu'il peut faire pour que sa plante redémarre.

De fait, attraper une pelle pour balancer la plante hors de la plate-bande dispense de s'interroger sur ce qu'on a fait de travers.

> **Règlement intérieur de l'asile – art. 39 :** Il y a peu de salariés de première catégorie, beaucoup de seconde et beaucoup trop de troisième. Par un tragique coup du sort, les salariés de troisième catégorie se retrouvent toujours en masse sous les ordres d'un supérieur de première catégorie.

CHANGEZ-MOI TOUT ÇA !

Le nouveau directeur régional fit le tour des bureaux la tête haute et au pas cadencé tel un général qui passe ses troupes en revue. Il annonça la tenue imminente d'une réunion, en parlant fort et martelant les mots : à croire qu'il voulait réveiller une bande d'endormis. C'était effectivement son intention.

Le nouveau patron donna rapidement à comprendre qu'il entendait réinventer la roue. Il ne voyait qu'une chose à tirer du travail de son prédécesseur : une incitation à tout changer. Il venait de la concurrence. C'est dire s'il en connaissait un rayon.

Premier point à l'ordre du jour : les visites de présentations de produits aux entreprises partenaires basées à l'étranger. « Je vois que ces voyages nous coûtent tous les ans une somme à six chiffres, observa-t-il sur un ton suffisant. Vous savez sûrement épeler le mot "vidéoconférence". À partir de maintenant, toutes les présentations de commandes inférieures à 250 000 € se feront du siège. C'est ce que nous faisions là d'où je viens et ça marchait très bien. »

Les collaborateurs protestèrent avec véhémence : comment les clients avec lesquels ils avaient des contacts personnels depuis des années allaient-ils réagir ? Qu'allaient devenir la multitude de PME qui ne disposaient pas des équipements techniques nécessaires ?

« C'est un excellent moyen d'inciter nos clients à augmenter leur volume de commandes, répliqua le nouveau sauveur et ami des entreprises partenaires. Je vous l'ai dit, à partir de 250 000 € par commande, rien ne s'oppose à une visite sur place. Autre chose : je ne doute pas que ceux qui ne sont pas encore équipés pour la vidéoconférence nous remercieront bientôt de leur avoir rappelé que nous étions au XXIe siècle. »

Les collaborateurs n'en revenaient pas. L'entreprise n'enregistrait-elle pas chaque année des bénéfices record ? Et sur quoi reposait ce succès, sinon sur les nombreux clients moyens dont les commandes étaient inférieures à 200 000 € ? Qu'est-ce que le nouveau patron cherchait, avec cette politique ?

La folie réformatrice du nouveau numéro un n'oublia aucun détail. Il arriva avec dans ses bagages un logiciel qui avait fait ses preuves dans sa précédente entreprise pour standardiser le texte des offres. Il y avait jeté un œil : « Il n'y a pas deux offres identiques. Un coup c'est formel, un coup jovial. Aucune écriture commune. Et l'identité de l'entreprise, elle est où ? À partir de maintenant, nous allons appliquer des standards. »

Les collaborateurs eurent beau expliquer que c'était précisément la force de l'entreprise de traiter chaque client individuellement et de ne pas proposer des packages tout prêts, rien n'y fit : « Vous appelez ça comme ça. Moi j'appelle ça du régime spécial d'amateurs. Il est grand temps qu'on mette ces standards en place. »

Comment est-ce possible qu'un nouveau patron pense au bout d'une semaine en savoir plus que son prédécesseur en dix ans ? Comment est-il possible qu'il prenne des décisions avant d'avoir compris le fonctionnement de la maison, interrogé les collaborateurs et assimilé la culture et les particularités de l'entreprise ?

La plupart des nouveaux chefs se surestiment. Ils pensent qu'avant eux, astres descendus du ciel pour notre bien à tous, l'entreprise qu'ils honorent de leur arrivée était quasi en état de mort cérébrale. Pas une idée digne de ce nom, pas de salariés à la hauteur, rien que ruines et désolation.

Mais voilà qu'ils arrivent sur leurs fiers destriers pour sauver *in extremis* l'entreprise moribonde (malgré ses millions de bénéfices). Ils révèlent alors un comportement bien connu dans le monde animal : ils privilégient leurs bébés, comme un chat va de préférence tuer les petits qui ne sont pas de lui et protéger et choyer sa propre progéniture.

Peu importe qu'un modèle économique ait fonctionné des années, le nouveau patron s'empresse de tout mettre sens dessus dessous pour marquer son territoire. Peu importe que des collaborateurs aient fait et refait leurs preuves, le nouveau patron les relègue au second plan pour placer ses poulains.

Les directeurs de maisons de fous fraîchement installés veulent se faire remarquer. Pourvu qu'ils soient visibles, les moyens les plus triviaux sont bons. J'ai ainsi entendu parler d'une directrice d'agence de communication qui avait misé sur la peinture murale. Blancs jusque-là, tous les murs des bureaux furent repeints en orange, partout dans la maison. Elle n'avait pas choisi la couleur au hasard : des études auraient prouvé – elle se piquait de psychologie environnementale – que cette couleur stimulait la créativité…

Le résultat ? « Waouh ! Mais il se passe quoi, chez vous ? » demandaient les clients, coursiers et autres chauffeurs de taxi qui franchissaient les portes de l'agence. « Nous avons une nouvelle patronne », leur répondait-on. Pour se faire remarquer, elle avait réussi à se faire remarquer, mais pas pour sa bonne gestion, domaine auquel elle mit de longues semaines à s'intéresser. Sans doute la passionnait-il moins que la couleur des murs…

Des résultats rapidement visibles, voilà ce qui compte. La fébrilité a remplacé l'action de longue haleine. Les actionnaires ne sont-ils pas les premiers à applaudir à deux mains quand le nouveau numéro un lance le moteur de la machine à tout changer ? Les patrons « courageux » et « dynamiques » ne sont-ils pas ceux qui ne laissent pas une pierre en place (quitte à abattre un mur solide et efficace !), qui veillent à se faire mousser (quand ils auraient aussi bien pu faire la même chose discrètement et rapidement) et qui chassent leurs collaborateurs comme des malpropres (même quand on ne peut rien leur reprocher) ?

Les nouveaux directeurs de maisons de fous ont beau jeu : prendre une décision est ultrarapide et la voie est ouverte. Les conséquences de cette décision, ses effets sur les résultats de l'entreprise et la motivation des salariés peuvent, eux, mettre des années à se faire sentir… souvent quand Monsieur le PDG est déjà parti vers de nouvelles aventures.

Dans son ouvrage *Le Management efficace : diriger, réussir, vivre*, devenu aujourd'hui un classique, l'économiste et expert en gestion d'entreprise Fredmunk Malik observe, à propos de ces « héros de l'action » : « Si toutefois on regarde d'un peu plus près leurs *curriculum vitae*, il apparaît qu'ils n'ont qu'une qualité, mais dont ils maîtrisent magistralement l'usage : ils savent quand ils doivent partir, et ils partent toujours exactement six mois avant que la m... qu'ils laissent derrière eux commence à sentir[55]. »

Des transformations *durables* nécessiteraient une action de longue haleine. Ce qui est semé met du temps à pousser et doit faire l'objet de soins jusqu'à la récolte. La nouvelle patronne de l'agence aurait pu renforcer la créativité et la motivation de ses collaborateurs en établissant des relations d'estime et de confiance, en donnant de l'espace aux initiatives personnelles et en traitant chaque collaborateur comme un co-entrepreneur. Cela aurait pris des années.

Peindre les murs en orange n'a pris qu'une semaine.

Objet : Comment mon patron a appris qu'il n'était plus patron

Je travaille pour un gros imprimeur qui, ces dernières années, a changé cent fois de propriétaire. Il y a quelques semaines, j'ai consulté l'Intranet de la maison pour voir quels nouveaux collaborateurs allaient faire leur arrivée dans les prochains mois. Là, je découvre avec stupéfaction qu'un nouveau directeur était annoncé d'ici deux mois pour mon service. Ça alors, et je n'étais pas au courant ?!

Je m'entends bien avec Christophe, notre directeur, qui dirige le service depuis près de dix ans. Je l'appelle pour lui demander qu'il m'explique : « Tu as vu ? Ça veut dire quoi, cette info ? » Christophe a changé de couleur. Il a ouvert la bouche, l'a refermée. Puis il a bafouillé : « Mais ce n'est pas possible ! Ce n'est pas possible ! »

Ça l'était. Il avait été dégradé, après des années de service, sans que personne n'ait apparemment jugé utile de l'en informer. Son supérieur lui avait seulement dit, un jour, qu'un « renfort pour le service » était planifié, ce sur quoi Christophe se fonda, quand, décomposé, il alla protester dans son bureau.

Jonathan D., reprophotographe

> **Règlement intérieur de l'asile – art. 40 :** Un nouveau patron détruit ce que son prédécesseur a construit et construit ce que son successeur va détruire.

Vous avez dit « malade » ?

Les dernières statistiques de son entreprise irritèrent au plus haut point ce petit distributeur d'articles de sport : en un an, ses salariés avaient pris en moyenne six jours d'arrêt maladie. Des arrêts *maladie* ? Ils avaient été malades ou ils avaient fait semblant de l'être ? Il soumit la question à son directeur du personnel, un de mes clients. Apprendre que ce chiffre était environ de moitié inférieur à la moyenne nationale n'apaisa pas sa colère. Cet absentéisme était un fléau et il fallait l'éradiquer. Par tous les moyens.

En janvier, le patron adressa un mail collectif aux 150 salariés de l'entreprise : à la fin de l'année, une prime exceptionnelle d'un montant de 500 € serait attribuée à tout collaborateur qui au 31 décembre n'aurait pas manqué un seul jour de travail. Il était temps que ces salariés exemplaires, qui faisaient le travail des autres, soient justement récompensés de leurs efforts.

Bien sûr, tous les salariés lurent aussi le texte entre les lignes : « Il y a trop de tire-au-flanc parmi vous ! Malades ? À d'autres ! Mais je sais comment remédier à cette grève du zèle : une belle petite prime. Je parie que vous allez tout d'un coup vous découvrir une santé de fer ! »

Les uns se sentirent insultés. Le patron ne voyait-il pas que le travail était toujours fait, même quand ils avaient été malades ? Qu'est-ce qui lui permettait de les traiter d'imposteurs ? Les autres se gardèrent de protester et calculèrent combien faisait en net 500 € bruts. Et à quoi ils pourraient employer cet argent.

Courant juillet, le patron demanda un rapport intermédiaire au directeur du personnel. Le nombre de jours d'absence pour maladie avait baissé de 20 %. Il triompha : « Qu'est-ce que j'avais dit, rien de tel qu'une prime pour se sentir en excellente forme ! »

Puis vint l'automne. Et avec lui, une épidémie de grippe. Pas un salarié ne manqua à l'appel. Ils toussaient, crachaient, s'accrochaient à leur mouchoir, mais se traînaient courageusement au bureau. Ils n'allaient pas perdre 500 € pour un petit jour d'absence, surtout si près du but.

Malades et pas encore malades se croisèrent et se mélangèrent, aux réunions, à la cantine, autour de la machine à café, dans les couloirs. Il n'y eut pas que les potins qui circulèrent, le virus de la grippe aussi. Deux semaines plus tard, les locaux ressemblaient à un hôpital de campagne. Les collaborateurs tombaient les uns après les autres. Ça commençait par des frissons et des accès de fièvre. Puis la toux s'en mêlait. Et pour finir c'était des maux de tête et toutes les articulations qui faisaient mal. Les lits de camps vinrent à manquer.

Les bureaux se vidèrent. Tous les matins de nouveaux collaborateurs, terrassés par la fièvre, téléphonaient du fond de leur lit pour prévenir de leur absence. Enfin, le patron lui-même dut rendre les armes et rester au chaud chez lui.

Sur 150 salariés, 38 furent absents en même temps, ce qui ne s'était encore jamais produit dans l'histoire de l'entreprise. Plusieurs durent s'arrêter plus d'une semaine avant de pouvoir reprendre le travail.

Mon client, que ses fonctions de directeur du personnel amenaient à serrer beaucoup de mains, fut parmi les premières victimes de l'épidémie. À la fin de l'année, il dressa le bilan des arrêts maladie. Le résultat parlait de lui-même : la moyenne des jours d'absence était passée de 6 à 8. La mesure prise par le patron avait produit l'effet inverse de celui escompté.

Les deux semaines que dura le pic de l'épidémie coûtèrent cher au petit distributeur, pas tant en termes de salaires versés pour rien, puisqu'à leur retour, la plupart des salariés mirent les bouchées doubles pour rattraper le temps perdu, mais parce qu'il fut dans l'impossibilité de respecter un délai de livraison, ce qui lui valut d'importantes pénalités de retard.

Les arrêts maladie sont dans le collimateur des directeurs d'une kyrielle de maisons de fous. Les entreprises sont ainsi de plus en plus nombreuses à exiger un certificat médical dès le premier jour d'absence. Ou bien elles imposent aux collaborateurs de décrocher leur téléphone et de prévenir eux-mêmes leur supérieur. Ces chicaneries sont destinées à les décourager de s'adonner à la fainéantise, leur passe-temps soi-disant favori.

En réalité, beaucoup de salariés continuent à se rendre à leur travail quand ils sont malades, poussés par la culpabilité, la peur de laisser s'accumuler les dossiers, la nécessité financière : c'est ce que l'on appelle le « présentéisme ». Ce n'est pas forcément une bonne idée. Pousser la conscience professionnelle jusqu'à aller travailler quand on ferait mieux de rester au lit et se soigner peut s'avérer funeste pour l'entreprise. Je n'ai pas trouvé de chiffres précis sur le sujet en France, mais plusieurs études menées à l'étranger pointent dans le même sens. Une étude américaine de 2004 signale par exemple que la productivité d'un employé peut être réduite de 33 % ou plus en raison du présentéisme[56]. Une autre, conduite au Royaume-Uni en 2009, estime que les

« jours perdus » attribués au présentéisme seraient 1,5 fois plus conséquents que ceux attribués à l'absentéisme[57].

Le petit distributeur d'articles de sport peut méditer ces chiffres – s'il n'est pas au fond de son lit occupé à lutter contre un méchant virus.

Objet : Comment mon patron est passé de gestionnaire d'entreprise à médecin-chef

Un jour, notre direction a fait savoir par note interne à ses « chers collaborateurs » qu'une mesure avait été prise pour améliorer la communication au sein des services, notamment envers les collaborateurs de retour après un arrêt maladie. Cette mesure avait été baptisée : « entretien de retour ».

Quelques mois plus tard, suite à deux semaines d'arrêt maladie, j'eus le droit de bénéficier de cet entretien. Je pensais que mon supérieur allait m'informer de ce qui s'était passé pendant mon absence. Je n'y étais pas du tout. En fait d'information, il m'a bombardée de questions sur ma santé. Il voulait savoir ce que j'avais eu, depuis quand j'allais mieux, comment je me sentais ce jour-là, etc.

C'était des questions personnelles auxquelles je n'étais pas censée répondre, mais il n'a pas lâché le morceau : « Je suis votre supérieur, je dois m'organiser, j'ai besoin de savoir dans quelle mesure je peux compter sur vous ». J'ai fini par donner des détails sur ma maladie, une affection rhumatismale. Il m'a alors vivement recommandé d'accorder plus d'attention à ma santé. En clair, j'ai compris que je n'avais pas intérêt à lui présenter d'autres arrêts maladie, sinon ça allait chauffer pour moi.

Ils avaient eu le culot de maquiller ce terrorisme ordinaire, dont plusieurs collègues firent eux aussi les frais, en mesure sociale, en aide à la réintégration dans le service. Depuis, il m'est arrivé plusieurs fois de me traîner au bureau alors que j'étais malade. Je ne voulais pas subir pareille humiliation une deuxième fois.

Patricia C., technico-commerciale

Règlement intérieur de l'asile – art. 41 : Tout salarié est considéré comme parfaitement apte au travail tant qu'il peut aller au bureau sans perfusion et rentrer chez lui autrement que les pieds devant.

Deuxième partie
Sauve qui peut !

1

Le grand test de la maison de fous

Ça va encore ou bien votre entreprise vous semble-t-elle dangereusement engagée sur la pente de la folie ? Outre sa fonction informative, votre appréciation de l'état des lieux en dit beaucoup sur vos critères de référence. Dans ce chapitre, vous découvrirez…

- pourquoi ce que vous considérez comme fou dépend de vos valeurs personnelles ;
- jusqu'à quel point la folie de votre entreprise a déteint sur vous ;
- pourquoi un pingouin ne peut pas être heureux dans le désert ;
- et quelles notes votre entreprise va obtenir au « grand test de la maison de fous », quelle note générale, et quelles notes par segments.

ÇA ME REND FOU !

Il est entré dans le cabinet en traînant les pieds comme s'il avait des semelles de plomb. Il se tient le dos voûté, son regard est éteint. Des cernes grands comme des soucoupes mangent ses joues. Il est ingénieur de projets et je ne doute pas une seconde de ce qui l'a mis dans cet état.

« Ils sont tous complètement dingues, dans la boîte, se plaint-il. Le patron promet des délais invraisemblables aux clients. Et nous, on se casse le … heu, pardon, on se casse le derrière pour tenir les temps. Le planning est une catastrophe. C'est à fond les ballons en permanence et faudrait faire encore mieux. Je n'en peux plus ! »

L'objet de sa visite : il veut quitter cette maison de fous, il est prêt à aller n'importe où.

Quelques mois plus tard, une jeune femme qui travaille dans le même service est assise en face de moi. Elle est ingénieure.

Je m'attends à une reprise du numéro précédent. Quand elle commence à parler, je n'en crois pas mes oreilles :

« Vous savez ce que je trouve formidable, dans cette boîte ? C'est qu'on bosse toujours à plein régime et qu'on ne fait jamais deux fois la même chose. Chaque jour est un nouveau défi, c'est passionnant. J'ai le droit d'improviser, de décider. Et j'aime les délais serrés, ça me stimule. C'est là que je me donne à fond, comme pour les derniers mètres d'un sprint. »

L'objet de sa visite : elle veut faire carrière dans cette entreprise, grimper les échelons. Dans cette entreprise, surtout pas ailleurs.

Où je veux en venir avec mon histoire ? À ceci : la folie de votre entreprise dépend de *deux* facteurs : elle ne dépend pas que de l'entreprise, elle dépend aussi de vous. Le grand test de la fin de ce chapitre va certes vous permettre d'examiner à la loupe les défauts de votre entreprise et vous découvrirez du même coup que des scientifiques considèrent certaines entreprises comme aussi toxiques que des psychopathes purs et durs.

La maison de fous « absolue », celle dont la folie est mesurable et quantifiable, est cependant une exception. Vous rencontrerez plutôt des entreprises en marge de la folie, qui flirtent avec la ligne jaune, des maisons de fous « relatives ». Que vous considériez qu'une entreprise est « du genre rapide » (comme notre ingénieure) ou « complètement hystérique » (comme notre ingénieur du début), « superdouée pour les affaires » ou « pathologiquement rapace », « très détachée de la fiscalité » ou « un véritable repère de fraudeurs » dépend pour une bonne part de votre propre perception des choses.

Dans ma pratique de *coach*, j'appelle ce qui se passe entre vous et un employeur une « interaction systémique ».

Le phénomène est identique à ce qui se passe avec deux produits chimiques. Quand vous les mélangez, une réaction chimique se produit. Comment elle tourne, si elle sent bon ou mauvais dépend des propriétés de chacun des éléments.

Une entreprise à laquelle vous êtes allergique, qui vous donne des boutons, qui vous paraît « la dernière maison de fous » peut être vécue très différemment par l'un de vos collègues. Pour un individu allergique aux pommes, une pomme est une bombe en puissance, pour un amoureux des pommes, un délice. Les deux propositions sont (subjectivement) justes.

Une entreprise de 6 000 salariés existe 6 000 fois. Chaque salarié a sa vision de l'entreprise. Chacun a son propre cadre de référence (les lunettes à travers lesquelles il la voit) et chacun a ses propres valeurs (les critères selon lesquels il juge). La psychologie constructiviste part d'un postulat : « Ce qui est vrai est ce que l'individu considère [comme] vrai[58] ».

Pour qu'un allergique ne s'expose pas à la substance qui lui est nocive, il faut qu'il commence par identifier ses symptômes et comprenne à quoi il réagit. Il en va de même avec les maisons de fous. Mieux vous *vous* connaissez, mieux vous connaissez vos valeurs et votre cadre de référence, mieux vous comprendrez ce qui dans votre entreprise vous dérange, quelles situations sont pour vous génératrices de souffrance et pourquoi vous percevez certains comportements, certaines dispositions, certaines personnes comme bons pour l'asile.

Cette connaissance de vous-même vous sera triplement utile :
• vous aurez en main les éléments qui vous permettront de réduire la dose journalière de folie que vous encaissiez jusque-là ;

- vous serez en mesure d'évaluer votre niveau de réaction allergique et d'en tirer les conséquences adéquates – par exemple en décidant de vous évader de l'asile ;
- quand vous serez amené(e) à changer d'employeur, vous saurez choisir une entreprise qui ne déclenchera chez vous aucune réaction allergique, pour qui vous serez simplement heureux/heureuse de travailler.

D'accord, me direz-vous, mais qu'en est-il quand un nombre important de personnes mangent de la même pomme et que beaucoup ne parviennent pas à la digérer, vomissent ou souffrent de mille maux ? Il est bien plus vraisemblable que la pomme soit empoisonnée plutôt qu'ils soient tous allergiques.

C'est malheureusement vrai. Certaines entreprises sont tellement démentes qu'on doit objectivement les considérer comme des maisons de fous. Ces maisons de fous absolues – la catégorie la plus dangereuse – se reconnaissent au fait que *la plupart* de leurs salariés souffrent. Quand le harcèlement se répand comme une maladie hautement contagieuse, quand toujours plus de travailleurs souffrent de troubles psychiques, quand les collaborateurs piquent de la tête comme des fleurs dans un vase sans eau, alors il est rarissime que la folie tienne aux salariés et très probable qu'elle soit le seul fait de l'entreprise.

Le psychologue canadien Robert Hare, de l'université de Colombie-Britannique, fait le constat suivant : d'un point de vue clinique, beaucoup de grandes entreprises doivent être considérées comme d'authentiques « psychopathes ». Elles présentent les caractéristiques classiques d'un trouble névrotique de la personnalité. Elles mentent pour servir leurs intérêts, imposent coûte que coûte leurs idées, sont dominatrices, égoïstes, insensibles, manipulatrices, amorales – bref, des fréquentations peu recommandables. Il existe sur le sujet un documentaire canadien très instructif : *The Corporation*. Si vous en avez l'occasion, ne le manquez pas.

Plus vos collègues seront nombreux à répondre au grand test par des croix dans la case 1, plus il y a de chances que votre entreprise soit une maison de fous « absolue » (ce qu'un test individuel, essentiellement subjectif, ne permet pas de mettre en évidence).

Cette seconde partie révèle comment identifier et quantifier le type de folie de votre entreprise et par quel moyen y échapper. Quant à l'avenir, un système d'alerte précoce, à mettre en œuvre lors de tout changement d'employeur, devrait vous permettre de ne plus jamais retomber sur une entreprise psychopathe.

Exercice 1 : Petit test de contamination

Cela vous intéresse de savoir si la folie de votre entreprise a déjà déteint sur vous ? Oui ? Alors prenez une feuille de papier et notez tous les aspects négatifs que vous observez chez votre employeur. Vous arrivez à combien ?

J'ai un jour reçu en consultation un cadre informaticien qui souhaitait comprendre les origines du malaise diffus qu'il éprouvait au travail. Je lui ai proposé de faire l'exercice. Il a listé onze défauts : manque d'honnêteté, radinerie, cupidité, brutalité, égoïsme, arrogance, étroitesse d'esprit, entêtement, ne s'intéresse à rien, grossièreté, exploitation des salariés.

Tapez votre liste et soumettez-la à deux ou trois de vos proches. Expliquez que vous faites un petit test personnel, sans faire référence à votre entreprise, et demandez-leur de mettre des croix devant le ou les défauts qu'ils ont déjà perçus chez vous : une croix pour « très occasionnellement », deux croix pour « plusieurs fois », trois croix pour « souvent ». Encouragez-les à dire très franchement et honnêtement ce qu'ils pensent.

.../...

.../...

Mon informaticien a eu un choc en découvrant le résultat : sa femme avait mis deux croix à « radinerie » et deux croix à « manque d'honnêteté ». Il a insisté : « En quelles occasions as-tu observé ces comportements chez moi ? », « Depuis quand ? » et « Est-ce que cela a tendance à augmenter ou à diminuer ? »

Comme exemple de sa radinerie, sa femme a répondu ceci : « Depuis quelque temps, tu ne laisses plus de pourboire au restaurant, avant tu ne faisais jamais ça. » Et comme exemple de son manque d'honnêteté : « Je trouve surprenant que tu achètes des livres sur Internet, les lise à toute vitesse, puis les renvoies en demandant à être remboursé sous prétexte que ce n'est pas ce que tu avais commandé. »

Quand cette façon d'agir était-elle apparue ? Il y avait environ six mois, peu après la fin de sa période d'essai chez son nouvel employeur, une PME de l'informatique. L'avarice et le manque d'honnêteté y étaient érigés en vertus. Il avait notamment appris à systématiquement diminuer le montant des devis des fournisseurs, sans raisons objectives. « Au début, je détestais ça, expliqua-t-il, puis au bout de quelque temps, c'est devenu naturel. Je me suis dit que les fournisseurs connaissaient le truc et gonflaient sûrement leurs factures en conséquence. »

Le manque d'honnêteté se manifestait dans le calcul des heures de prestation : « Mon directeur n'arrêtait pas de me répéter "d'arrondir les heures". Ça a l'air anodin. En fait, cela revenait à me demander de facturer une prestation qui n'avait pas été fournie. »

Mon client avait *inconsciemment* transposé dans sa vie privée la forme d'organisation de son entreprise. Le test lui fit comprendre que la folie qu'il percevait dans son travail ne s'arrêtait pas à l'entreprise mais pénétrait en lui. Il en était devenu une part. Cette découverte fut d'autant plus amère que l'honnêteté et la générosité avaient toujours été des valeurs importantes à ses yeux. Qu'il les piétine au quotidien dans sa vie professionnelle, puis dans sa vie privée, avait créé le sentiment d'insatisfaction qu'il ne parvenait pas à expliquer.

.../...

.../...

Plutôt que de continuer à subir la folie de son employeur, il décida de partir. Il postula dans une entreprise dont la culture positive et ouverte lui avait été recommandée par un ami qui y travaillait. Neuf mois plus tard, il quittait sa maison de fous.

LE CHANGEMENT C'EST MAINTENANT !

Doit-on changer d'employeur quand on ne supporte plus son travail ? Vous trouverez toujours quelqu'un pour vous expliquer que c'est inutile, pour vous suggérer de commencer par changer vous-même. Toutes les entreprises n'ont-elles pas leurs défauts ? Ce que l'on emporte en quittant une entreprise pour une autre n'est-ce pas sa propre personnalité ? Alors autant travailler sur soi-même jusqu'à ce que les relations avec son entreprise deviennent productives et satisfaisantes.

Les défenseurs de cette thèse vous diront que tous les jobs se valent, que peu importe pour qui vous travaillez.

Est-ce complètement faux ? Non, pas complètement. Si la difficulté vient de soi-même, s'il s'agit par exemple d'un problème d'autorité, changer d'employeur ne résoudra rien, à circonstances égales, le même problème d'autorité se posera quelle que soit l'entreprise.

Il n'empêche que les catastrophes – le désespoir, les accidents, les maladies psychiques, les suicides – ne proviennent pas d'une tendance excessive à la bougeotte mais du contraire. Les salariés s'effondrent parce qu'ils restent trop longtemps dans des entreprises qui les rendent malades, parce qu'ils n'ont pas le courage de changer, parce qu'ils n'écoutent pas leur petite voix intérieure, parce qu'ils laissent trop de souffrance s'installer. Ils restent jusqu'à ce que la folie n'en fasse plus qu'une bouchée, ou au moins jusqu'à être rongés de frustration. Et ils loupent le coche du changement.

Dire à un salarié : « Le problème c'est toi, pas ton employeur », ne fait que renforcer sa tendance à l'immobilisme. Ne rien faire, laisser les choses en l'état, rester dans la maison de fous est toujours plus facile que de s'aventurer à l'extérieur. Car pour aussi infernales que soient ses conditions de travail, elles ont un avantage : il les connaît !

Il est en outre erroné de croire que la relation entre un salarié et son employeur serait, comme dans un couple, une relation où deux êtres s'affrontent (du moins en théorie) à armes égales, où le comportement de l'un peut influencer celui de l'autre et induire une nouvelle dynamique de couple.

Comment un salarié pourrait-il induire un quelconque changement dans une maison de fous ? En lui offrant des fleurs ? Peut-il, en jouant la carte de l'honnêteté, ramener son entreprise sur le chemin de la vertu ? Peut-il, petite voix isolée, modifier quelque chose au ton du grand concert de l'entreprise ?

Bien sûr que non. Une relation de travail n'est pas une relation d'égalité. Le salarié d'une maison de fous touche une rémunération pour s'adapter aux règles de l'entreprise. Il doit faire ce qui s'y fait et ne pas faire ce qui ne s'y fait pas. Il doit être en harmonie avec ses chefs, ses collègues, la culture maison. S'il fait siennes les habitudes de l'entreprise, il sera intégré dans la famille. S'il rue dans les brancards, il pourra faire ses cartons.

Il est certes en son pouvoir de faire évoluer la relation qu'il entretient *individuellement* avec son supérieur ou ses collègues. Mais ces chargés de fonction ne sont eux-mêmes que les rouages d'un grand mécanisme. La cadence, c'est la culture (ou l'inculture) de l'entreprise qui la donne. Un salarié isolé ne peut jamais chambouler une maison entière.

Dans une relation amoureuse, il est possible, en évoluant soi-même, de faire évoluer l'autre et ainsi de faire évoluer la relation. Dans un mariage de travail, cela ne fonctionne pas.

Que reste-t-il donc au salarié d'une maison de fous qui ne veut pas, à peine embauché, risquer de se faire licencier ?

S'adapter

Ce n'est pas une bonne idée car l'individu qui s'adapte à la folie ambiante devient fou lui-même. Ceci, bien que formulé d'une façon légère, est très sérieux : se plier et se tordre jusqu'à ne plus se reconnaître dans une glace altère la personnalité et peut entraîner une crise identitaire.

Faire semblant de s'adapter et prendre intérieurement ses distances

Cette tactique de l'émigration intérieure est très utilisée. Les salariés viennent travailler mais laissent leur cœur chez eux. Mais comment une vie peut-elle être réussie quand la vie professionnelle, soit à peu près la moitié du temps que l'on ne passe pas à dormir, est un enfer ? Comment un individu pourrait-il être lui-même et heureux dans sa vie privée quand il n'est pas lui-même et qu'il est malheureux dans son job ? Quelle garantie a-t-il que la folie qu'il côtoie au quotidien n'est pas une petite goutte d'eau permanente qui creuse lentement un trou dans sa tête ? Comme le dit le philosophe Theodor W. Adorno : « Il n'y a pas de vraie vie dans la fausse vie. »

Quiconque pense s'en tirer comme ça dans une maison de fous court le même risque que dans une fosse aux lions : celui d'être mangé tout cru, par exemple à l'occasion d'une vague totalement déraisonnable de licenciements.

Reconnaître qu'*on n'est pas là où il faut*

Le salarié peut se rendre compte qu'il ne pourra pas être en accord avec ses valeurs personnelles chez cet employeur. Espérer que l'entreprise s'adapte à lui serait naïf. Un pingouin dans le désert pourrait tout aussi bien compter sur la venue d'une nouvelle ère glaciaire.

La sagesse serait de considérer qu'il n'y a qu'un moyen d'échapper à cette folie : partir, changer, trouver un employeur qui lui correspond mieux, chez qui il pourra donner corps et vie à ses valeurs personnelles. Sans accord entre les systèmes de valeurs, il n'y a pas de bonheur (au travail) possible.

Malheureusement, beaucoup de salariés restent enlisés dans leur entreprise comme des pingouins dans le désert. Et le changement climatique se fait attendre.

SUR LA BONNE PISTE...

C'était une statue d'éphèbe grec. Le Getty Museum de Los Angeles était sur le point de l'acquérir pour douze millions de dollars. Un prix élevé, certes, mais en adéquation avec l'âge de l'œuvre qui avait tout de même 2 500 ans. Un groupe d'experts en avait acquis la conviction. Ils avaient examiné la statue sous toutes ses coutures, avec les engins les plus sophistiqués, des mois durant.

Au dernier moment, une poignée d'amateurs d'art se pencha à son tour sur le beau jeune homme, avec une solide intuition pour seul outil d'appréciation. Le son de cloche fut unanime, et tout autre : Thomas Hoving, l'ancien directeur du Metropolitan Museum of Art de New York, pensa d'emblée que la statue était de facture récente. Un archéologue grec renommé fut parcouru d'un drôle de frisson en la voyant et eut l'impression qu'un mur invisible se dressait entre lui et la statue.

Il apparut finalement que la statue était un excellent faux. Tous les tests scientifiques s'étaient trompés. Le premier regard, l'instinct, l'intuition avaient vu juste.

Est-ce un hasard ? Non, les situations sont fréquentes où l'intuition l'emporte sur la raison. Chacun de nous en sait plus qu'il ne croit savoir. Seul problème : la plupart des gens ont désappris à écouter leur intuition, particulièrement au travail, où apparemment ne compte que ce qu'il est possible de compter.

Lorsque j'ai le sentiment, en entretien de conseil, que mon client travaille dans une maison de fous, je lui pose la question suivante : « Quelles situations professionnelles vous viennent à l'esprit dans lesquelles vous avez éprouvé un sentiment désagréable ? Un sentiment fort, comme de la colère ou de la tristesse, ou ténu, comme un malaise diffus ou une simple désapprobation. »

C'est une invitation à raviver l'intuition. Faites le test. À quelles situations pensez-vous ?

Je parie qu'elles ont toutes un point commun : vous vous sentez mal quand vous devez aller contre quelque chose qui vous tient à cœur, quand vous devez transgresser vos propres valeurs, ce sur quoi se fonde votre éthique personnelle.

Les accrocs ponctuels sont souvent révélateurs d'un conflit de valeurs entre un collaborateur et son entreprise.

Une assistante marketing m'a un jour fait la réponse suivante : « Il y a quelque temps, j'ai rédigé un mail. Mon chef l'a relu et fait deux minuscules corrections. Il ne s'agissait pas de fautes, seulement de questions de goût. Il m'a demandé de porter les corrections et de lui soumettre à nouveau le texte.

Ce que j'ai fait. Puis je suis passée à autre chose. Une demi-heure plus tard, une collègue me dit : "Mince, qu'est-ce qui se passe ? Tu en fais une tête !" Je ne m'en étais pas rendu compte, mais c'était vrai : je me sentais mal. »

Qu'y avait-il derrière ce malaise ? Notre entretien révéla que cette assistante marketing était une femme courageuse et indépendante. Enfant, elle aidait régulièrement ses parents qui tenaient un magasin et elle s'occupait depuis de nombreuses années du groupe de jeunes d'une association. Elle aimait prendre les choses en main, avoir des responsabilités, décider.

Or quelles marges de manœuvre avait-elle dans son travail ? Pourquoi son chef avait-il estimé devoir mettre sa touche personnelle dans son mail ? Pourquoi avait-il demandé qu'elle lui soumette ces minuscules rectifications ? Ce type d'interventions étaient monnaie courante dans l'entreprise, reconnut ma cliente. Le soupçon et le contrôle étaient constants. Son supérieur n'avait confiance qu'en ce qu'il contrôlait. Et elle et lui étaient eux-mêmes surveillés en permanence par le dirigeant placé au-dessus. Une badgeuse enregistrait les temps de travail, les trajets des déplacements professionnels étaient vérifiés par un calculateur d'itinéraires interactif. Un jour qu'elle organisait une consultation-client, elle vit même arriver deux supérieurs hiérarchiques dont rien ne justifiait la présence, sinon le besoin de jouer les commissaires au contrôle.

Les valeurs auxquelles cette assistante marketing était le plus attachée étaient la liberté de décision et la responsabilisation. Là où elle avait la possibilité de vivre ces valeurs, par exemple avec son groupe de jeunes, elle s'épanouissait. Dans son travail, en revanche, elle se heurtait quotidiennement au contrôle et à une trop grande hiérarchisation des relations. Son système de valeurs et celui de l'entreprise étaient diamétralement opposés.

Nous en conclûmes ensemble qu'elle ne pourrait jamais être heureuse dans cette entreprise, seulement risquer d'y perdre sa santé mentale.

L'entreprise pour laquelle vous travaillez doit correspondre à vos valeurs. Dans le cas contraire, il s'établit une relation de travail pervertie dont vous serez à coup sûr la première victime. Quand on place la sincérité au-dessus de tout, on ne fait pas son malheur en entrant chez « Faux derches et associés » ; quand on aime la rigueur, on ne va pas se fourvoyer chez « Et que ça saute SA » ; quand la sécurité est nécessaire à son équilibre mental, on ne postule pas chez « Risque-tout Sarl », et quand on est un adepte du travail en équipe et de la solidarité, on ne tente pas de se faire interner chez « Panier de crabes et Cie ».

Le candidat à l'embauche doit examiner soigneusement deux choses : ses valeurs et les valeurs de l'entreprise. Plus il constate de recoupements, plus la folie « ressentie » sera faible – et plus l'union a de chances d'être heureuse.

Exercice 2 : Cinq moments heureux de votre vie à la loupe

Songez à cinq moments parfaitement heureux de votre vie. Décrivez-les en quelques mots, par exemple : « Nous avons traversé les États-Unis en camping-car. Chaque jour sur la route, de nouveaux paysages, chaque nuit dans un nouvel endroit. C'était formidable. »

Tirez de ces cinq moments trois grandes notions directement liées à ce que vous avez vécu. Pour le circuit à travers les États-Unis, ce pourrait être la liberté, l'aventure et la nouveauté.

À la fin de l'exercice, vous avez une liste de quinze notions. Les notions qui reviennent plusieurs fois ou sont proches sont vraisemblablement des valeurs qui ont de l'importance pour vous.

.../...

.../...

Supprimez maintenant des valeurs les unes après les autres jusqu'à ce que ne restent plus que les trois plus importantes. Pour chacune d'elles, demandez-vous jusqu'à quel point elle est prisée dans votre entreprise et jusqu'à quel point vous pouvez la vivre. Notez vos réponses de 1 à 6. Additionnez toutes vos notes, calculez la moyenne. Quelle note obtenez-vous au final ?

Si vous obtenez un 6 ou un 5, la culture de votre entreprise est en parfaite adéquation avec vos valeurs. Entre 4 et 3, la question se pose de savoir ce que vous pouvez faire pour exprimer votre personnalité de façon plus satisfaisante. Si, par exemple, vous aimez le changement, pourriez-vous imaginer de nouveaux projets ? ou bien être muté(e) dans un service qui apprécie ce trait de caractère, comme le développement ?

En revanche, si vous ne dépassez pas 2 ou 1, il est hautement probable que, tel notre pingouin dans le désert, vous ne soyez pas du tout à la bonne place. Ce qui pour vous a de l'importance ne signifie rien pour votre entreprise, et vice-versa. Pas étonnant que vous ayez l'impression de travailler dans une maison de fous !

Vous n'avez qu'une solution, elle est radicale : vous devez chercher un nouvel employeur. Mais mettez toutes les chances de votre côté. La phase de développement de l'entreprise est importante, ne la négligez pas. Si la liberté et l'aventure sont des valeurs que vous appréciez, elles trouveront à s'exprimer dans une entreprise jeune, en phase de fondation ou de culture jungle, beaucoup moins dans un grand groupe très structuré où règne une culture ville.

Par ailleurs, dans la culture adéquate, vous trouverez un terrain propice à faire des étincelles professionnelles. Un entraîneur de football peut échouer lamentablement avec un club, et mener un autre, qui lui correspond mieux, en finale de championnat.

Grand test de dépistage de la folie

Votre entreprise est-elle saine d'esprit ? Ce test va vous permettre d'en avoir le cœur net. Il consiste en 40 affirmations sur votre entreprise, pour chacune d'elles, cochez une des cases numérotées de 1 à 5 selon qu'elle vous paraît juste, moyennement juste, fausse, etc., 5 signifiant une approbation maximale, 1 votre totale désapprobation.

Deux évaluations font suite au test : l'une d'ensemble (« La folie en général ») vous donnera une image globale de l'état de votre entreprise, l'autre ponctuelle (« La folie dans le détail ») vous révélera quelles formes de folie règnent (ou pas) dans votre entreprise.

Préparez-vous à des résultats déments !

Grille d'évaluation :
- 1 : totalement faux
- 2 : quasiment faux
- 3 : moyennement juste
- 4 : plutôt juste
- 5 : tout à fait juste

		1	2	3	4	5
1	Lors des procédures de recrutement, mon entreprise s'est présentée telle que je la pratique au quotidien en tant que salarié(e).					
2	Mon poste correspond à la description qui m'en avait été faite.					
3	Les conditions de travail au sein de l'entreprise correspondent à son image publique.					
4	La culture de l'entreprise correspond dans les faits à la présentation qu'en font le site de l'entreprise ou les plaquettes promotionnelles.					

	1	2	3	4	5
5 L'entreprise tient les promesses qu'elle fait à ses salariés, par exemple concernant les perspectives de promotion.					
6 L'entreprise dit la vérité, par exemple lors des conférences de presse.					
7 L'entreprise vend ce que la publicité et ses commerciaux promettent.					
8 La politique tarifaire appliquée par l'entreprise à ses clients et entreprises partenaires est *fair-play*.					
9 L'entreprise fait le maximum pour la qualité de son offre.					
10 Les clients sont toujours bien accueillis, même avec des réclamations.					
11 La rotation du personnel et des fournisseurs est réduite.					
12 La sécurité des collaborateurs, notamment dans la production, est la première des priorités.					
13 Aucun service n'a été ou ne doit être délocalisé dans un but de maximisation des profits.					
14 Aucun contrat de travail n'est dénoncé sans raisons graves et extrêmes.					
15 Le personnel intérimaire ou mis à disposition par une ETTP permet tout au plus de franchir une passe difficile, il n'a jamais vocation à remplacer le personnel permanent.					
16 Les collaborateurs seniors sont appréciés et maintenus à leur poste jusqu'à leur départ en retraite.					
17 Les cas de harcèlements sont exceptionnels.					

		1	2	3	4	5
18	Quand les profits augmentent, habituellement les salaires et les bonus augmentent aussi.					
19	Le *Code du travail* est respecté, même quand personne de l'extérieur ne vérifie.					
20	Le collaborateur qui signale une infraction à la législation n'est pas considéré comme un traître, mais comme une personne responsable.					
21	La communication entre collaborateurs fonctionne bien.					
22	Tous les services travaillent dans le même sens.					
23	Les objectifs de l'entreprise sont clairs et les collaborateurs les connaissent.					
24	Le *management* est stable, les restructurations y sont exceptionnelles.					
25	Le nombre de réunions, limité au nécessaire, est pertinent.					
26	Les contraintes administratives, par exemple les procédures à respecter, sont raisonnables.					
27	La plupart des décisions ne sont pas des effets d'annonce et concernent le long terme.					
28	Mes supérieurs hiérarchiques changent rarement.					
29	Je suis informé(e) des événements importants concernant mon secteur ou l'entreprise.					
30	Je suis jugé(e) sur mes performances réelles, pas uniquement sur mon autopromotion.					
31	Mon supérieur est compétent et responsable.					
32	Mon directeur m'adresse régulièrement des retours constructifs sur mon travail.					
33	En cas d'erreurs, mon supérieur me couvre.					
34	Les meilleures propositions sont retenues, peu importe de qui elles viennent.					

	1	2	3	4	5
35 Le *management* ne prend pas de décisions importantes sans consulter au préalable les collaborateurs concernés.					
36 Je me sens considéré(e) en tant que personne, pas uniquement en tant que main-d'œuvre.					
37 L'entreprise soutient le développement de mes compétences professionnelles.					
38 Lorsque je suis en arrêt maladie, je ne ressens pas la pression de devoir reprendre rapidement le travail.					
39 Les échanges verbaux se font sur un mode courtois et amical.					
40 Je crois que l'entreprise me fait confiance, sur le plan personnel et sur le plan professionnel.					
Joker 41 Je repostulerais sans hésiter auprès de cette entreprise.					

Calculez votre score !

Questions	Nombre de points
1 – 10	
11 – 20	
21 – 30	
31 – 40	
Nombre total de points	

ANALYSE GLOBALE : LA FOLIE EN GÉNÉRAL

Comptez le nombre total de points obtenus aux questions 1 à 40 (la question joker 41 sera traitée à part).

- **De 40 à 80 points :** Sincères condoléances ! La maison de fous dans laquelle vous travaillez mérite réellement son nom. Il semble qu'il y manque tout ce qui fait d'une entreprise un lieu de travail sain et raisonnable, de l'honnêteté à une gouvernance efficace. Ce type d'employeur est toxique, prenez garde à ce que sa folie ne vous contamine pas. Si d'autres collaborateurs de l'entreprise sont nombreux à obtenir un score identique, vous avez affaire à une *maison de fous absolue*.

- **De 81 à 119 points :** Votre entreprise est une *maison de fous relative*, en d'autres termes, elle marche suffisamment sur la tête pour rendre fous ses collaborateurs, mais est suffisamment normale pour faire tant bien que mal tourner ses affaires. Repérez ci-dessous dans l'analyse distinctive ce qui fait défaut à votre entreprise. Jusqu'à quel point ces manquements sont-ils en opposition avec vos convictions personnelles ? Que vous deviez ou non quitter d'urgence le navire dépend de votre réponse.

- **De 120 à 135 points :** Sans être complètement maboule, votre entreprise présente de légers signes de démence. Il peut s'agir de folie induite par les résultats trimestriels, d'accès saisonniers ou réservés à des domaines précis. Ou bien de névroses bénignes, de petites marottes, de bizarreries plutôt divertissantes. Là encore, tant que vous avez le sentiment de pouvoir vivre en accord avec vos convictions personnelles, votre motivation peut ne pas être affectée.

- **De 136 à 160 points :** Quelle entreprise est parfaite ? Il peut vous arriver – comme partout – de devoir gérer une situation ubuesque, un collègue complètement timbré ou un supérieur fêlé de la cafetière. Pour autant, votre entreprise n'est pas une maison de fous. Vous pouvez me croire : comparé à ce qui se passe dans les immeubles de bureaux voisins, votre employeur est un modèle de normalité.

- **De 161 à 200 points :** Félicitations ! On dirait bien que vous travaillez pour une entreprise qui fait ce qu'elle dit et dit ce qu'elle fait, qui voit plus loin que les résultats trimestriels, où l'administratif n'est pas une fin en soi et où la hiérarchie vous considère comme une personne, pas seulement comme une machine à travailler. Seul danger : à votre avis, tant de raison et de normalité, n'est-ce pas à la longue un peu ennuyeux ?

ANALYSE PONCTUELLE : LA FOLIE DANS LE DÉTAIL

Cette analyse détaillée fournit une carte de la folie qui permet de localiser précisément les forces et les faiblesses de votre entreprise.

Votre entreprise n'est-elle qu'une menteuse ou lui arrive-t-il aussi de dire la vérité ?

Questions 1 à 10 : Calculez le total de vos points.

- **De 10 à 20 points :** Votre entreprise s'est spécialisée dans une activité particulière : l'hypocrisie. Ce qu'elle déclare et la façade dont elle se pare n'ont rien de commun avec la réalité. Qu'a-t-elle à cacher ? Pourquoi démolit-elle ses collaborateurs et ses clients ? Et *vous*, pour quelles raisons participez-vous à cette folie au lieu de détaler à toute vitesse ?

- **De 21 à 29 points :** Votre entreprise n'est pas qu'un royaume du mensonge, la vérité y a parfois aussi sa place. Elle présente néanmoins une tendance certaine à donner pour vrai ce qui sert ses intérêts. Les domaines ou les circonstances dans lesquels elle ment, dissimule ou bluffe sont déterminants. Parvenez-vous à concilier ces pratiques avec vos valeurs personnelles ? Ou bien avez-vous du mal à aller travailler ?

- **De 30 à 37 points :** Est-ce que dans les affaires, tout, tout, tout, publicité et communiqués de presse compris doit être fidèle à la vérité ? Pas nécessairement. Un peu de flonflon, un peu d'esbroufe font partie du jeu. Votre entreprise aussi se fait parfois mousser ou cède au double langage. Mais en général, il s'agit plus de pratiques usuelles que de symptômes de démence. Et dans la mesure où le jeu auquel s'adonne une majorité des entreprises devient une norme, il semble bien qu'il faille en passer par là pour réussir.

- **À partir de 38 points :** Bravo ! Votre entreprise n'est pas qu'une façade. Elle met largement en pratique ce qu'elle prône et proclame. Si vous appréciez l'honnêteté et la transparence, vous êtes à la bonne adresse.

Votre entreprise est-elle seulement cupide ou a-t-elle aussi une morale et des valeurs ?

Questions 11 à 20 : Calculez le total de vos points.

- **De 10 à 20 points :** La seule morale que connaisse votre entreprise est le ding-ding du tiroir-caisse. Humanité et sens des responsabilités sont des mots qu'elle ne connaît pas. Apparemment, les collaborateurs ne sont que des moyens de parvenir à ses fins, des outils qu'elle n'hésitera pas à mettre au rebut dès qu'elle n'en aura plus besoin. C'est le style *western* : si vous ne dégainez pas le *colt* de votre démission le/la premier/ère, c'est elle qui va le faire. Réagissez !

- **De 21 à 29 points :** Certaines entreprises sont ce que l'on appelle des « sociétés de capitaux », le nom irait bien à la vôtre. La maximisation des bénéfices est un objectif suprême et sacré et tant pis si ce doit être au détriment de son honorabilité et des intérêts des collaborateurs. Quelques embryons de comportement social apparaissent tout de même ici et là. Sont-ils sincères ? Peut-on les transformer en réelle embellie ? Ou bien ne sont-ils apparus que sous la pression du comité d'entreprise ou de l'opinion ?

- **De 30 à 37 points :** Pas de doute, votre entreprise aspire elle aussi à gagner de l'argent. Et il arrive qu'elle mette un mouchoir sur ses principes quand les perspectives de gain sont trop alléchantes. Néanmoins, son sens des responsabilités est généralement plus fort que son amour de l'argent. Votre entreprise obtient-elle également un bon score en honnêteté et transparence ? Ce pourrait être l'indicateur d'une culture d'entreprise légèrement au-dessus de la moyenne.
- **À partir de 38 points :** Bravo ! Votre entreprise sait apprécier ses collaborateurs. L'éthique y prime sur l'appât du gain dans la plupart des circonstances.

Votre entreprise se consacre-t-elle aux affaires ou n'est-elle occupée que d'elle-même ?

Questions 21 à 30 : Calculez le total de vos points.

- **De 10 à 20 points :** Il y a de la rébellion dans l'air. Apparemment, votre entreprise se donne un mal certain pour que le vrai travail ne se fasse pas. Elle s'emploie à développer l'appareil administratif ou met le bazar au lieu de s'occuper des clients. Vous risquez de vous sentir bridé, un peu comme une Porsche qui serait obligée de rouler en première. Au bout d'un moment, la boîte de vitesse donne des signes de faiblesse. Ici, c'est votre motivation qui risque de ne pas résister.
- **De 21 à 29 points :** Votre entreprise ne tourne pas tout à fait rond. Il semble que la direction ne cesse de placer des obstacles sur votre chemin. Il y a certes des dossiers qui avancent tout seuls, mais beaucoup traînent, s'enlisent ou sont freinés. La paperasserie et la désorganisation sont chronophages et usent les nerfs. Notez

toutefois qu'être ainsi entravé dans son travail est assez répandu, notamment dans les grandes entreprises.

- **De 30 à 37 points :** Il arrive que votre entreprise réussisse à se mettre toute seule des bâtons dans les roues. Elle trébuche et vacille mais ne chute jamais gravement. En dépit de lourdeurs administratives, l'un dans l'autre, le travail avance bien. Vous avez visiblement affaire à une organisation qui, dans l'ensemble, ainsi que le terme le laisse déjà espérer, est relativement structurée. Le vrai chaos est exceptionnel.

- **À partir de 38 points :** Félicitations ! Votre entreprise innove et tout roule, le travail comme les affaires. Vous avez une chance folle (façon de parler, bien sûr !).

Votre entreprise est-elle gouvernée ou tout part-il à vau-l'eau ?

Questions 31 à 40 : Calculez le total de vos points.

- **De 10 à 20 points :** « [...] or si un aveugle conduit un aveugle, ils tomberont tous deux dans une fosse », lit-on dans la *Bible* (Matthieu 15, 14). À l'évidence, la gouvernance de votre entreprise est défaillante, la politique d'information est boiteuse et les collaborateurs ont moins de valeur que le papier sur lequel est imprimé leur contrat de travail. Des études sur le sujet le prouvent : aucun facteur n'a plus d'incidence sur le bonheur au travail que le style du *management*, en particulier celui du supérieur direct. Comment faites-vous pour tenir le coup dans cette maison de fous ?

- **De 21 à 29 points :** Ah, il y a aussi des salariés... Apparemment, la culture managériale n'est pas au centre des préoccupations de votre entreprise, quoiqu'elle fasse ici et là quelques efforts. Votre supérieur est peut-être débordé. À moins qu'il ne soit un adepte de ce qui se pratique dans les hautes sphères de la maison : la stricte hiérarchisation. Si votre entreprise obtient parallèlement un mauvais score en honnêteté et transparence, tous aux abris ! Le risque d'une culture malsaine est grand.

- **De 30 à 37 points :** Les décisions managériales de vos supérieurs ne sont pas toujours des réussites, mais les plantages complets sont plutôt rares. En règle générale, non seulement votre entreprise se souvient qu'elle a des collaborateurs, mais elle sait aussi ce qu'elle leur doit. Dans le meilleur des cas, vos supérieurs vous témoignent de l'estime et vous avez la liberté de développer vos compétences.
- **À partir de 38 points :** Félicitations ! Votre entreprise applique un style de *management* et d'organisation qui respecte les collaborateurs et vous offre des opportunités de progresser.

Question joker : le test du rétroviseur

Question 41 : Analysez votre réponse.

Savoir dans quelle mesure vous repostuleriez dans votre entreprise permet d'éclairer votre degré de motivation.

- Si vous avez spontanément eu tendance à vous attribuer **un 1 ou un 2**, vous avez bel et bien embarqué sur le mauvais navire et devriez examiner sérieusement les possibilités de regagner le rivage.
- Si vous obtenez **3 points**, une question est importante : ce jugement a-t-il évolué au cours des derniers mois/ dernières années ? Si oui et s'il était alors plus près de 4, il est à craindre que votre motivation ait amorcé une descente en piqué et soit bientôt proche du 2, voire du 1, soit du *crash*. En revanche, si vous partiez d'un 2, tous les espoirs d'une ascension vers un beau 4 sont permis.
- Vous vous êtes accordé **un quatre, peut-être même un cinq** ? Alors là, je suis perplexe. Pourquoi avez-vous acheté ce livre ?

2

Critiquer ne suffira pas

La critique est une arme couramment employée dans les maisons de fous pour se protéger de la folie. Ce n'est pas sans risques. Ce chapitre vous révèle…

- les excuses invoquées par les salariés de maisons de fous pour ne pas bouger ;
- pourquoi les mêmes personnes qui se lamentent sur la folie en sont aussi les plus fidèles serviteurs ;
- pourquoi la critique agit comme une loupe qui empire les choses ;
- et quelles sont les sept erreurs qui vous ont jeté dans la gueule du loup.

PLUS D'EXCUSES !

Qu'est-ce que le test a donné ? Votre entreprise est-elle saine d'esprit ? Ou bien la folie a-t-elle cassé sa laisse et si solidement planté ses crocs dans le mollet de votre entreprise que c'est à désespérer de s'en débarrasser un jour ?

Les salariés qui pensent que leur entreprise est folle sont nombreux à se défendre à coups de phrases missiles, jamais lancées ouvertement, du style : « Le *boss* est malade de demander ça ! », « Tout déraille dans cette boutique ! » et autres « Si la bêtise faisait mal, ce serait un concert de hurlements ! »

Pourtant, dans l'accomplissement de leur travail, comment se comportent-ils ? Parions qu'ils parlent la langue en usage chez les fous, sinon personne dans l'entreprise ne les comprendrait, qu'ils respectent les règles de la maison de fous, sinon ils seraient bannis, qu'ils se plient aux quatre volontés du directeur, sinon ils seraient virés. Parions enfin qu'ils exécutent les ordres les plus déments, sinon ils se rendraient coupables de refus de travailler.

Vous ne trouvez pas cela curieux ? Les pourfendeurs de la folie en sont en même temps des acteurs, des petites pièces du système. Cette politique démente qu'ils condamnent verbalement, ils contribuent activement à la maintenir en place.

Bel exemple d'automystification : un individu qui se met au service d'une maison de fous et *en même temps* la critique est une contradiction vivante. Comment réussit-il ce douloureux grand écart sans finir écartelé ? La réponse ? Il s'invente un prétexte, il justifie son comportement par un mythe, un bobard qui lui permet d'apaiser sa conscience et de ne pas perdre la face aux yeux des autres.

Je vois toutes les semaines en entretien de conseil des salariés qui, d'un côté, se plaignent que leur entreprise est folle et, de l'autre, m'expliquent qu'il leur est, pour mille raisons, impossible de la quitter.

L'éventail des excuses est vaste. En voici quatre. « **Si je m'en vais**, dit le collaborateur…

… l'entreprise va s'enfoncer un peu plus. »

Sous-entendu : « Je suis le seul ici qui soit normal, si je laisse le flambeau de la raison s'éteindre, les ténèbres vont s'abattre sur l'entreprise. Au détriment de tous. »

Mon commentaire : Cette lumière de la raison ne doit pas être bien forte, sinon pourquoi la folie aurait-elle déjà à ce point assombri le paysage ? Ce n'est pas pour l'entreprise que s'inquiète ici le collaborateur, mais pour lui-même. Il redoute de perdre pied en quittant le terrain connu de la maison de fous.

Les gens aiment la stabilité. Une maison de fous offre au moins la stabilité de sa folie. Le collaborateur peut se battre contre elle comme Don Quichotte contre ses moulins à vent. Lutter au quotidien contre la folie semble donner un sens à sa vie, même si le vrai sens des choses s'y perd.

… je laisserai mes collègues en plan. »

Sous-entendu : « Ce bazar est une catastrophe. Ça tient debout uniquement parce que tous ces minus sont compensés par un mega plus, par un modèle d'équilibre et de raison, par ma présence, par moi ! »

Mon commentaire : Quand on est trop lâche pour sauter le pas, il est facile de parer sa lâcheté des beaux atours de la solidarité avec les collègues. Mais ne serait-ce pas plus loyal de leur indiquer la voie à suivre pour échapper à la folie, au lieu de contribuer à pérenniser une situation mortifère en restant dans l'entreprise ?

… j'aurai un problème sur le marché du travail, parce que je suis, au choix, trop vieux ou trop jeune, trop ou trop peu qualifié, trop ou trop peu spécialisé, etc. »

Sous-entendu : « L'asile est hautement sécurisé. Je voudrais bien me faire la belle, mais il n'y a aucun moyen de scier les barreaux. »

Mon commentaire : Je pose la même question à tous les salariés de maisons de fous qui m'opposent cet argument : « Qu'avez-vous entrepris jusque-là pour trouver un employeur avec qui vous seriez plus en accord ? » Et que répondent la plupart ? : « Rien. » Prétendre que partir serait un non-sens n'est qu'une supposition, un alibi.

Les barreaux derrière lesquels se morfondent ces salariés ne sont pas ceux de la maison de fous mais ceux de leurs convictions. Ils se sont accommodés de la folie comme on s'accommode d'un vieux fauteuil défoncé dont on sait qu'il faudrait le remplacer, et que pourtant, par un mélange de paresse et d'habitude, on ne remplace pas.

... je renoncerai à tout ce à quoi je peux prétendre : la prime de fin d'année, le long délai de préavis, la retraite complémentaire. »

Sous-titre : Ma seule motivation pour ne pas quitter ce haut lieu de la déraison, c'est la raison. Il n'y a que des liens matériels, de l'argent sonnant et trébuchant, qui me retiennent ici ; sinon, il y a longtemps que j'aurais pris la poudre d'escampette.

Mon commentaire : Ah bon ? Le premier employeur psycho-pathe venu vaut la peine qu'on s'accroche à lui tant que ses robinets crachent de l'argent ? À quoi rime un long délai de préavis, qui ne fait que prolonger un maintien dans la folie et la fausse vie ? Ces considérations matérielles ont-elles réellement plus d'importance que de devoir vivre chaque jour en désaccord avec ses valeurs, ses convictions, sa vraie personnalité ?

Oui ? Alors il n'y a qu'une explication : la folie a d'ores et déjà contaminé les salariés.

Est-ce que je condamne ces excuses ? Loin s'en faut. J'ai moi-même eu recours à de tels arguments, mais j'ai observé que plus on se raconte d'histoires, plus la pression psychologique grandit, et un jour tout s'effondre, la réalité ne peut plus être niée, parce que la folie s'est alors immis-cée aussi dans sa vie privée.

Plus tôt vous regarderez la vérité en face et en tirerez les conclusions qui s'imposent, plus tôt vous retrouverez votre amour-propre et le plaisir de travailler – et renverrez la folie dans ses cordes.

Exercice 3 : Je plaide ma cause !

Les raisons que vous invoquez pour ne pas quitter votre maison de fous sont-elles toutes cohérentes ou bien ne sont-elles que des prétextes ? Un exercice permet d'en avoir le cœur net. L'idéal serait que vous puissiez le faire avec deux amis ou un *coach* professionnel, mais vous pouvez aussi vous y essayer seul(e).

Le mode d'emploi est le suivant : notez sur une feuille de papier toutes les raisons qui vous retiennent dans votre entreprise. En avez-vous au moins cinq ? Si ce n'est pas le cas, réfléchissez encore et complétez votre liste.

Maintenant, imaginez que vous êtes un(e) avocat(e) devant un tribunal. Le procès est important, la salle est tendue. Tournez-vous vers les jurés – vos deux amis – et faites deux plaidoiries, reprenant les cinq points de votre liste, l'une défendant vos raisons (« Je reste parce que je n'ai aucune chance sur le marché du travail »), l'autre prouvant que vos raisons sont des prétextes (« En réalité, je suis trop lâche et je m'accommode de la folie »). Essayez, dans les deux cas, d'être aussi convaincant(e) que possible, aucun effet de manche ne vous est interdit et jouez tant que vous voulez sur l'émotion.

L'exercice terminé, évaluez-vous : quel argumentaire avez-vous défendu avec le plus de passion, le plus de fougue ? Par quelles raisons vous êtes-vous senti(e) transporté(e) ? Dans la plupart des cas, votre voix, votre gestuelle, voire l'éclat de vos yeux auront déjà révélé quel argument reflète votre pensée profonde et lequel est plus factice.

Interrogez ensuite vos « jurés » sur leurs impressions. Qu'ont-ils remarqué ? Quelles raisons avez-vous défendues avec le plus d'authenticité ? Votre discours et votre gestuelle étaient-ils en harmonie ? Surtout, quelles raisons leur ont paru les plus convaincantes ?

Laissez reposer ce *feed-back* quelques jours, puis reprenez une feuille de papier et notez ce que l'exercice vous a appris de nouveau – en quoi cela peut influencer votre avenir profession-nel, ce que vous allez précisément entreprendre et d'ici combien de temps – pour que des actes suivent.

LE PIÈGE DU DÉNIGREMENT

Deux conditions doivent être remplies pour que le salarié de maison de fous type devienne un opposant type : la folie doit être effective et le chef hors de portée de voix. Alors, et seulement alors, il se lâche – de préférence en groupe. Les opposants conspirent à plusieurs, par exemple dans le carré des fumeurs, où leurs cerveaux fument tellement qu'on ne sait plus d'où vient la fumée, de leurs élucubrations ou de leurs cigarettes.

Un salarié critiquerait son chef en moyenne quatre heures par semaine[59]. Pour un groupe qui emploie 12 000 personnes, cela fait 48 000 heures par semaine, et pas loin de deux millions et demie pour une année.

Persifler, railler la bêtise ambiante, la ridiculiser, la maudire et la vouer aux gémonies : les salariés adorent. La critique est leur bouée de sauvetage, elle leur procure une joie secrète. Les subordonnés s'essayent à la rébellion. Du moins verbalement. Et secrètement.

Cette réaction n'est que trop humaine. Depuis toujours, les sujets critiquent leur roi, les élèves leurs profs et les salariés leurs chefs. Ces débauches de critiques sont-elles bien raisonnables ? Soulagent-elles ? Font-elles changer les choses ? Non, au contraire. Quand on met les mains dans la boue, on se salit et quand les mains sont occupées à lancer de la boue, on n'en a plus de libres pour les mettre dans le cambouis, pour comprendre et agir réellement.

Quelle fonction psychologique remplit la critique ? Premièrement : dénigrer son employeur, le maudire et le fustiger permet au salarié de ne pas s'interroger sur lui-même. C'est un moyen d'éviter de se remettre en question, par exemple de se demander pourquoi il laisse la folie entrer dans son bureau, ou pourquoi, s'il n'est pas possible de la tenir à distance, il ne change pas d'entreprise.

Deuxièmement : la critique a un effet libérateur. Quand on sert la folie comme un larbin, quand on agit contre ses convictions, quand on ne se sent plus très propre, critiquer devient une méthode de blanchiment. Les mots servent alors à exprimer ce que les faits laissent désirer : de l'opposition. Cela donne le sentiment de s'élever au-dessus des bas-fonds de la folie, à l'instar des complices d'un régime dictatorial qui, une fois qu'il s'est effondré, se posent en avant-garde secrète de la résistance (« Nous avons noyauté le système pour éviter encore pire. »).

Troisièmement, critiquer est tellement facile : il suffit de pointer les impasses du doigt, au lieu d'indiquer la route ; de mettre le doigt dans la plaie, au lieu de soigner la blessure. Le critiqueur est dispensé d'apporter des solutions, de faire des propositions constructives, de soumettre ses idées à l'épreuve des faits. Il reste dans l'accusation, il ne s'engage pas, il ne se met pas en danger.

Et quatrièmement : critiquer présente le merveilleux avantage de souder les liens. Il y en a qui montent des fans clubs parce qu'ils aiment des groupes de rock, d'autres qui montent des clubs de critique parce qu'ils détestent leur entreprise. Les deux rapprochent tout autant. Partager un même mépris provoque un respect mutuel. Un ennemi commun favorise la cohésion – et détourne des problèmes que l'on pourrait avoir avec soi-même ou les autres.

Pourquoi décrire ces avantages de la critique ? Parce que pour une mauvaise langue, n'importe quelle maison de fous est du pain béni. On y fabrique matière à critiquer à la chaîne, on peut rouspéter et dénigrer du matin au soir. Il y a ainsi des collaborateurs qui font en travaillant ce qu'ils critiquent quand ils dénigrent et qui dénigrent en critiquant ce qu'ils font en travaillant.

Cette débauche de critiques est comme les cierges magiques : ils brillent de tous leurs feux quand ils brûlent, puis une fois éteints, on ne sent plus que le souffre – et on dit que c'est précisément l'odeur de l'enfer. Un collaborateur peut critiquer, cela ne masquera pas pour autant la vacuité de son travail, la disparité entre sa personnalité et son entreprise ou l'amoralité de sa vie professionnelle. Son malaise en sera au contraire accentué.

Critiquer a un effet de loupe, cela fait paraître les difficultés plus grandes qu'elles ne sont. Plus le collaborateur accorde d'attention à un problème (au lieu de se concentrer sur des solutions), moins il lui paraît soluble.

Chaque plainte retombe sur celui qui se plaint, elle prend de la place dans sa conscience, le rend semblable à l'objet de sa plainte – donc (relativement) fou lui aussi. Personne n'a mieux résumé cette contradiction que Bertolt Brecht dans son poème « À ceux qui naîtront après nous » : « La haine contre la bassesse déforme aussi les traits. La colère contre l'injustice rend aussi la voix rauque. »

Le pire effet du dénigrement est de consommer l'énergie qui serait nécessaire à l'action. Le collaborateur ne parle alors que de ce qui ne va pas, au lieu de prendre la situation en main, d'utiliser toutes ses forces à sortir des ténèbres de la folie et tendre vers la lumière d'une vie professionnelle heureuse.

Ne gaspillez pas votre énergie à vous occuper des faiblesses de votre entreprise, de sa folie, de ce qui engendre de l'insatisfaction. Réfléchissez plutôt à ce qu'il faudrait pour que votre vie professionnelle soit épanouissante, en accord avec vos idéaux, pour que vous puissiez être heureux de votre vie.

Transformez chaque critique qui vous brûle la langue en un vœu constructif. Ne dites plus : « Ça me rend fou/ folle que dans cette entreprise ils décident toujours les choses dans mon dos », dites : « J'aimerais travailler dans une entreprise où je participerais aux décisions. Ainsi je pourrais faire valoir mes compétences, je me sentirais pris(e) au sérieux et je contribuerais à ce que les décisions soient plus pertinentes. »

Se concentrer sur ses aspirations produit l'effet exactement inverse au dénigrement : au lieu d'enliser dans les problèmes, cela met du carburant dans le moteur du changement. Plus souvent et plus concrètement vous réfléchirez à ce que vous voulez, plus vous aspirerez au changement, plus l'image de votre entreprise idéale se précisera et plus vite vous pourrez quitter l'entreprise-maison de fous mortifère.

SEPT ERREURS QUI MÈNENT À L'INTERNEMENT

Personne ne vous a envoyé(e) à l'asile, vous y êtes allé(e) de vous-même. Vous avez accepté d'être interné(e) en signant votre contrat de travail. Aussi dure que soit la situation, souvenez-vous que vous avez largement contribué à ce qui vous arrive.

Que se passe-t-il avant que la camisole du contrat de travail ne se referme ? Pourquoi un postulant ne comprend-il pas que le nouveau service où il souhaiterait tant être admis est un « service fermé » dont on ne s'échappe pas ? De quels appâts, de quelle poudre aux yeux l'entreprise se sert-elle pour le tromper ? Il n'y a qu'en identifiant ses erreurs, qu'en reconnaissant sa part de responsabilité que l'on peut en tirer un enseignement pour l'avenir, en l'occurrence pour s'évader de l'asile (ce dont traite le chapitre suivant).

L'idée fausse du « ça ne peut être que mieux »

Quand on pense que sa boîte est une maison de fous et son job ce qu'il y a de pire sur terre depuis que les chambres de torture ont disparu, on a tendance à commettre l'erreur fatale de projeter sur n'importe quel autre job les vertus d'une bouée de sauvetage. On est tellement focalisé sur l'enfer qu'on laisse derrière soi qu'on ne voit pas celui qui est peut-être devant.

Un client me disait récemment : « Ça ne pourra être que mieux ailleurs ! » Je l'ai détrompé : cela peut aussi être pire. Mais on ne s'en rend compte qu'une fois dans la place, quand la belle façade aperçue lors de l'entretien d'embauche commence à se fissurer et que d'inquiétantes manifestations de démence se font jour.

Le piège de la poudre aux yeux

Quand ils pénètrent dans les locaux d'un nouvel employeur potentiel, beaucoup de postulants sont aussi excités que lors d'un premier rendez-vous, à plus forte raison s'ils ne connaissaient jusque-là le nom de l'entreprise que pour sa grande renommée médiatique. Voilà que, miracle, il leur est donné d'entrer dans le saint des saints.

Et de quoi le petit homme qui entre dans un palais se soucie-t-il en tout premier lieu ? De savoir si le palais est suffisamment bien pour lui ? Pas du tout ! Il s'inquiète de savoir s'il est, lui, suffisamment bien pour le palais. La plupart des postulants sont tellement impressionnés par le numéro d'épate qu'ils ne voient rien de l'entreprise. La folie leur échappe. Mais ils ne lui échapperont pas.

Passer à côté des petits signaux

Que font les entreprises pour que l'on ne voie pas qu'elles sont folles ? Elles font avec la folie ce que l'on fait avec un grand carton embarrassant : elles la plient, s'asseyent dessus, la piétine pour l'aplatir et la soustraire à la vue. Mais la folie est aussi récalcitrante que le carton : elle se redéploie dès qu'on a le dos tourné.

La folie n'est jamais *complètement* invisible. À peine sont-ils entrés en fonction que la plupart des nouveaux collaborateurs remarquent mille petites choses qui auraient dû les alerter au moment de la procédure d'embauche, par exemple que le patron se montrait d'une parfaite courtoisie à leur égard mais n'accordait pas un regard à l'assistant qui lui apportait un document.

Le piège de la séduction

C'est comme en amour. La relation (de travail) commence par la parade. Les entreprises usent d'une double tactique : d'une part elles mettent en avant ce qu'elles ont de plus flatteur (par exemple leur attachement aux valeurs démocratiques), d'autre part, elles donnent l'impression au postulant que son entrée dans l'entreprise est un grand événement. L'ego du postulant grandit, grossit, s'épanouit. Il pense par devers lui : une entreprise qui a montré un œil aussi sûr pour repérer mes qualités ne peut pas être vraiment aveugle. Oh si, elle le peut.

Croire qu'une amélioration est possible

Les postulants sont nombreux, petits Hercule, à se croire capables de nettoyer les écuries : pour le moment, l'entreprise est certes une maison de fous (ils ont jusque-là été suffisamment perspicaces pour s'en rendre compte), mais

© Groupe Eyrolles

une fois qu'ils auront la fourche à fumier à la main, tout ça va changer. Comme s'il était possible d'exorciser une entreprise de sa folie…

Ils vont rapidement se rendre compte que quand la production quotidienne de fumier est phénoménale, la fourche de la raison est une mini-fourchette beaucoup trop petite pour obtenir un résultat. Tout individu qui entre sain d'esprit dans une maison de fous n'est aucunement assuré d'en ressortir dans le même état. La folie est contagieuse.

Le oui précipité

La plupart des postulants ne voient pas une entreprise plus de deux heures de l'intérieur avant de signer leur contrat d'admission. C'est comme si on épousait quelqu'un dont on aurait fait la connaissance deux heures auparavant. À cette différence près que dans une majorité de cas, ce n'est pas la mort qui met un terme à une relation de travail, mais un licenciement – ou la folie, lorsqu'elle n'est plus supportable.

Un test très simple permet de ne pas dire oui trop vite : *avant* de signer votre contrat de travail, prenez donc le temps, un soir, de « faire la sortie » de l'entreprise de vos rêves et d'observer les visages, d'ouvrir grands vos yeux et vos oreilles. C'est bon ou votre décision mériterait-elle de mûrir un peu plus ?

La récidive

Est-il possible que les entreprises maisons de fous attirent essentiellement des collaborateurs fous, de même que les bouses de vache attirent irrésistiblement les mouches et les castings les cervelles d'oiseau avides de lumière et de renommée ?

Une chose est sûre : certains postulants refont toujours la même erreur. Je connais par exemple une assistante qui, parmi tous les patrons possibles, a un flair infaillible pour systématiquement choisir le plus cinglé d'entre tous. Chaque fois qu'elle quitte un psychopathe, c'est pour se jeter dans les bras d'un autre.

Si vous retombez toujours sur le même type d'entreprises pathogènes, demandez-vous : 1, ce qui vous attire tant chez elles ; 2, quel numéro d'esbroufe vous brouille le jugement ; 3, pourquoi vous vous mettez dans de telles situations.

© Groupe Eyrolles

3

Démissionner sans se tromper

La folie, vous ne voulez plus en entendre parler ? Vous rêvez d'une entreprise saine de corps et d'esprit ? La réussite d'une évasion nécessite du courage et un plan parfait. Ce chapitre vous révèle…

- dans quels cas la folie d'une entreprise peut être passagère – et dans lesquels elle est vouée à être éternelle ;
- comment détecter si un changement vous rendra réellement plus heureux/heureuse ;
- comment construire un plan d'évasion parfait et le mettre en pratique ;
- et comment vous servir du « grand système d'alerte précoce » pour ne pas retomber sur une maison de fous.

Durera ou durera pas ?

Vous caressez toujours l'espoir que votre entreprise s'améliore ? Vous spéculez sur une expulsion de la folie et un retour en grâce de la raison ? Ce n'est pas complètement utopique, quoique la phase de développement – village, jungle, ville ou nomade – de votre entreprise soit prépondérante. Les deux premiers stades présentent un avantage : la folie qui y est associée est une folie *temporaire*, pas un état définitif, pour autant que l'entreprise continue à se développer.

Le grand manque de professionnalisme qu'engendre parfois une culture familiale, la belle pagaille qui accompagne une culture jungle peuvent être des maladies infantiles. Elles passeront avec le temps, à condition que les patrons se rendent compte que cela ne peut plus durer. Pour que la folie puisse être éradiquée, il faut qu'elle soit *reconnue*, pas qu'elle soit niée.

Qu'en est-il de vos chefs ? Se rendent-ils compte qu'il y a matière à intervenir ? Ont-ils déjà fait quelque chose pour améliorer la situation ? Donnent-ils eux-mêmes l'exemple ? Si oui, alors il est possible que la folie soit sur la voie de la régression.

Maintenant, vos nerfs tiendront-ils jusqu'au retour de la raison ? Ou bien allez-vous planter vos crocs dans les mollets de votre patron si vous devez encore jouer ne serait-ce qu'un mois les accélérateurs de particules dans ce chaos ?

Plus votre malaise est grand et plus la vitesse à laquelle votre entreprise réagit est lente, plus vous devez songer à un plan de sortie. En revanche, si votre entreprise évolue rapidement dans le bon sens, il peut s'avérer judicieux d'attendre.

Il est inutile d'espérer un retour de la raison si votre entreprise se trouve au stade trois, en phase de culture ville. La folie n'est pas près de battre en retraite. Elle est chronique, s'est répandue dans tous les services comme une moisissure, elle s'est nichée dans les bureaux et les têtes. Aucune mesure superficielle n'en viendra jamais à bout, aucune restructuration, aucune directive, aucun nouveau modèle à suivre.

La culture d'une entreprise est comme un parler régional : solidement enracinée. Avec le temps, de nouveaux termes s'y font une place, mais le vocabulaire de base ne change pas. De de la même façon que la langue se transmet de génération en génération, les vieux collaborateurs inoculent la folie de l'entreprise aux nouveaux arrivants, pas tant par ce qu'ils disent lorsqu'ils les mettent au courant que par l'exemple qu'ils donnent.

Lors d'une fête de jubilée, l'une de mes clientes, cadre senior dans une société de conseil aux entreprises, s'est assise près d'un petit groupe de retraités de la maison et les a écouté parler du passé : « Ils étaient à la retraite depuis dix ou vingt ans. Pourtant, quand ils ont évoqué ce qui clochait à leur époque dans la boîte, je n'en ai pas cru mes oreilles. C'étaient les mêmes problèmes que ceux que je rencontrais tous les jours. L'insupportable arrogance des associés envers les employés, notre hypocrisie dans le conseil aux entreprises réfractaires aux réformes, le manque de considération des compétences relationnelles lors des procédures de recrutement… »

Jusque-là, ma cliente avait espéré que la folie de son entreprise pourrait régresser. Cette rencontre lui ouvrit les yeux : « J'ai compris que ces aberrations faisaient partie de l'entreprise. Qu'elles dureraient tant que l'entreprise existerait, que ni moi ni personne n'y pourrait rien changer. »

Beaucoup de salariés font la même expérience. Les années passent, la folie demeure. Elle se transmet de génération en génération, comme une maladie héréditaire.

Je peux parler franchement ? Dans le cas d'une culture ville, vous pourrez faire ce que vous voulez – marcher sur les mains, faire les pieds au mur, être en tous points exemplaire –, la folie ne bougera pas d'un iota. Vous ne changerez rien à une culture ville. Mais une culture ville peut vous changer.

Est-ce à dire que vous devriez croiser les bras ? Bien sûr que non. Faites ce qui est à votre portée. Développez de meilleures relations avec votre supérieur direct. Essayez, dans votre travail, de faire plus de ce qui vous épanouit et moins de ce qui vous ennuie. Fixez-vous un niveau d'exigence plus réaliste qu'idéaliste.

Ce sont des mesurettes de consolation ; elles aident *un peu*, mais ne vous faites pas d'illusion : vous n'allez pas venir à bout de la moisissure qui a prospéré pendant des années et s'est insinuée partout. À moins que vous ne soyez vous-même le grand chef de la maison en personne, que vous ayez une inentamable volonté de réforme et que les pressions et les résistances ne vous fassent pas peur.

Souvenez-vous de Mikhaïl Gorbatchev, l'ancien chef d'État soviétique. Il a gravi les échelons de l'appareil du très déraisonnable parti communiste, puis, parvenu au sommet, en dépit de toutes les résistances, il a sonné la fin du communisme et introduit la perestroïka.

Mais comment a-t-il réussi à accéder à cette position ? Combien a-t-il dû faire de compromis ? Combien a-t-il dû enfreindre de principes ? Cette progression au sein de systèmes délirants réussit prioritairement aux individus adaptés à ce type de systèmes : à des individus eux-mêmes fous. Gorbatchev est une exception. Habituellement, les réformateurs sont mis hors d'état de nuire *avant* de pouvoir nuire au système.

Au lieu de semer de la raison où elle ne poussera pas, vous aurez toujours meilleur compte à chercher une entreprise dans laquelle vous n'aurez pas besoin de faire semblant d'être quelqu'un d'autre, dans laquelle vous n'aurez pas besoin de vous censurer, où vos forces seront reconnues et où vous pourrez travailler en accord avec vos convictions

Ce choix sera meilleur, à plus forte raison si votre entreprise est déjà passée d'une culture ville à une culture nomade. Une grande rotation des effectifs doit vous alerter. Quand un bateau coule, les matelots se dépêchent de sauter. Rester à bord n'est pas sans conséquence. Les crises aiguës mettent en effet des milliers de salariés sur le marché du travail. Les emplois disponibles se réduisent comme peau de chagrin. Les possibilités de se reclasser sont bien meilleures avant.

Et si la culture nomade s'accompagne de réussites entre-
preneuriales ? Alors une question se pose : est-ce que *vous*
serez capable de supporter sur le long terme ce qui fait
partir les autres en rangs successifs ? Presque tous ceux de
mes clients qui ont pensé l'être se sont avérés d'excellents
candidats au *burn out*.

Comment réagissent les gens qui ont un problème ? Dans
un premier temps, toujours de la même façon : ils nient avoir
le moindre problème. L'eau monte, ils perdent pied, boivent
la tasse, mais prétendent prendre un petit bain agréable.

Partez donc avant de voir vos espérances fondre comme
neige au soleil.

JE ME SAUVE… MAIS JE RÉFLÉCHIS !

Bon. Pour vous, l'affaire est entendue : votre entreprise
est atteinte de folie chronique et les perspectives d'amélioration sont nulles. Et maintenant ? Avant de décider si
vous voulez *réellement* partir, il est indispensable de clarifier
les raisons qui vous y incitent. Trois questions vont vous
y aider.

Qu'y a-t-il de positif à cette folie ?

Toute situation négative a un côté positif. Cela vaut également pour la folie qui sévit dans une entreprise. Supposons
que votre chef vous prive de toute tâche importante : vous
ne pouvez commettre aucune faute grave. Supposons que
vos collègues ne soient qu'une bande d'handicapés de la
rigueur et du rangement : dans quel contexte vos talents
d'organisateur/trice pourraient-ils mieux s'épanouir ? Et
supposons que vous soyez entouré(e) de nuls : où votre
intelligence pourrait-elle mieux briller ?

Avant tout changement d'emploi, pesez le pour et le contre : quels avantages présente la situation actuelle ? Quel en est le prix à payer ? Si la balance ne penche pas d'un côté, vous ne vous sentez pas prêt(e) à changer.

Un signe infaillible révèle ce manque de détermination : la « il faudrait que » attitude. *Il faudrait* que je quitte cette boîte qui me sort par les yeux, répète le candidat au départ, *il faudrait que* je dise ses quatre vérités au patron, *il faudrait que* j'envoie trois lettres de candidature ce week-end. Il faudrait, mais il ne le fait jamais. Une force mystérieuse l'en empêche.

Le salarié qui se plaint à qui veut l'entendre de son mariage professionnel, mais n'entreprend aucune démarche pour divorcer, doit se demander dans quelle mesure cette relation professionnelle, malgré tout, ne le satisfait pas ; quels avantages secrets il en tire et si, tous comptes faits, cette maison de fous ne serait pas ce qu'il veut et ce qui lui convient.

Le soupçon sera d'autant plus fondé que l'intéressé se sera déjà plusieurs fois égaré dans le même type de maison de fous. L'un de mes clients se retrouve toujours dans des entreprises qui exploitent outrageusement le personnel. Il y trouve un terrain où son côté « défenseur de la veuve et l'orphelin » peut vivre et s'épanouir : il présente sa candidature au comité d'entreprise, console les opprimés et se bagarre au nom de ses collègues avec les supérieurs tyranniques. C'est un chemin détourné qui lui permet de réaliser une valeur à laquelle il attache une grande importance : la justice sociale.

Que ferait-il dans une entreprise où personne n'aurait besoin d'aide ? Ses talents seraient inemployés. Sans le savoir, il est ainsi dans une sorte de symbiose avec la folie. Il n'avait pas pris conscience de ce mécanisme avant que nous en parlions ensemble.

Comment pouvez-vous découvrir vos motivations occultes ? Prenez une feuille de papier et écrivez dix fois de suite le début de phrase suivant : « En dépit de tout ce qui ne me plaît pas dans l'entreprise, j'apprécie que… » Laissez suffisamment de place pour pouvoir compléter la phrase. Et trouvez dix arguments.

Analysez ensuite lesquelles de ces raisons sont superficielles. Vous pouvez laisser de côté les arguments tels que la bonne qualité de la cantine. Intéressez-vous plutôt à ce qui vous permet de vivre en adéquation avec ce qui vous tient à cœur en dépit – ou à cause – de l'environnement défavorable.

Quelqu'un plaçant haut la solidarité et l'esprit d'équipe peut ainsi prendre plaisir à retrouver ses collègues, parce que critiquer ensemble crée un sentiment d'appartenance qui satisfait à cette valeur.

Établissez maintenant une contre-liste d'arguments : prenez une nouvelle feuille de papier et écrivez dix fois de suite le début de phrase suivant : « Si je fouille bien au fond de moi, ce qui me gêne dans mon entreprise est… » Complétez ces phrases, puis relevez les points en contradiction avec vos valeurs personnelles.

Ce petit exercice terminé, confrontez vos réponses : que pèsent les arguments en faveur d'une fuite ? Que pèsent les arguments contre ? Vous serez suffisamment motivé(e) pour échafauder un plan d'évasion et le mettre en pratique si, et seulement si, les arguments en faveur d'un départ pèsent *nettement* plus lourd que les arguments contre.

Quelles alternatives avez-vous ?

Vouloir partir est important, mais pour aller où ? Comment éviter de quitter une maison de fous pour se précipiter dans une autre ? Il importe en premier lieu de s'assurer qu'il existe des choix réalistes à votre entreprise.

On distingue deux formes de démence : la folie intrinsèque à un domaine d'activité, qui touche presque toutes les entreprises d'un secteur économique, et la folie spécifique à une entreprise, qui peut varier d'un établissement à l'autre. Veillez à faire la distinction entre les deux si vous ne voulez pas tomber de Charybde en Scylla.

Un exemple : vous travaillez dans une grande banque. L'amoralité de ses pratiques commerciales axées sur le profit vous heurte. *A priori*, vous seriez tenté(e) de changer pour une autre grande banque. Votre problème n'en serait pas plus résolu que si vous quittiez une cage aux lions pour sauter dans la fosse aux crocodiles. Gagner de l'argent et encore de l'argent, en s'accommodant s'il le faut de quelques entorses à la morale, est un objectif que partagent la quasi-totalité des grandes banques.

La question fondamentale est de savoir si ce secteur d'activité correspond à vos idées. La folie que vous ressentez signifie peut-être que vous vous êtes trompé(e) d'orientation. Vos capacités ne vous permettraient-elles pas d'exercer une activité qui correspondrait mieux à votre système de valeurs ? Vous pourriez par exemple travailler dans une petite banque familiale, plus soucieuse des intérêts de ses clients, ou mettre vos compétences au service d'une association de défense des consommateurs, voire passer au journalisme économique et écrire des articles critiques sur un secteur dont vous connaissez tous les arcanes.

Ne vous définissez ni par rapport à votre secteur, ni par rapport à votre profession, et encore moins par rapport à votre entreprise. Demandez-vous simplement quelles sont vos compétences particulières et dans quelles entreprises, quelles branches, quels environnements ces compétences sont recherchées.

Songez que tout changement a un prix. Viser le salaire d'un superbanquier et aspirer en même temps à l'exemplarité morale d'un défenseur des droits de l'homme est irréaliste. Vous allez être obligé(e) de faire des concessions, dans un sens ou dans l'autre.

En revanche, s'il s'agit de folie spécifique à l'entreprise, l'origine de votre malaise est alors essentiellement liée à votre employeur, par exemple à son mode de fonctionnement. Supposons une banque où l'usage est de s'aboyer dessus comme dans la cour d'une caserne, changer d'établissement, sans changer de secteur, pourra suffire à résoudre le problème.

Considérez la situation dans son ensemble, voyez au-delà de votre propre activité. Quel est l'objet de votre entreprise ? Faire un travail de bureau ennuyeux pour un grand groupe centré sur l'argent est simplement un travail de bureau ennuyeux. Faire le même job pour Greenpeace quand on est un(e) ardent(e) défenseur de l'environnement rend le travail pertinent, il devient motivant et gratifiant.

Comment trouver une entreprise saine d'esprit

Reprenez la liste des dix points qui vous gênent dans votre entreprise. Qu'avez-vous noté ? Par exemple que l'absurdité de certaines des décisions du *management* vous rend malade, que vous détestez le ton odieux de votre supérieur ou que vous ne supportez plus l'esprit de compétition qui règne entre collègues ? Relevez les points critiques qui vous paraissent les plus importants, listez-les sur une troisième feuille en ajoutant à côté : « ... à la place, j'aimerais... ».

Vous voilà maintenant obligé(e) d'avoir une pensée constructive. Si l'absurdité des décisions du *management* vous rend malade, quelle forme de gouvernance d'entreprise souhaiteriez-vous ? Définissez vos attentes. Par exemple : « … à la place, j'aimerais une entreprise qui a fondamentalement de l'estime pour ses collaborateurs, qui les implique dans les décisions et propose une vision managériale plus démocratique. »

De point en point, vous allez ainsi définir un profil d'entreprise que vous ne percevrez jamais comme une maison de fous mais comme l'employeur idéal.

Votre liste établie, une autre question cruciale se pose : quelles entreprises, quelles institutions pratiquent plus (ou mieux) ces valeurs que votre employeur actuel ? Comment, de qui pourriez-vous obtenir des informations de première main ? D'un ami du temps de vos études ? d'un compagnon de formation ? d'un ex-patron, d'une ex-collègue ? de relations, de personnes de votre entourage ? Et n'avez-vous pas lu, la semaine dernière, un article sur le « *manager* de l'année* » ? Fouillez, cherchez, lisez, posez des questions pour trouver l'entreprise qui correspond le mieux au profil que vous avez défini.

L'une de mes clientes, qui travaillait jusque-là dans un supermarché, est tombée ainsi sur une chaîne de produits bio. Le fonctionnement y était très démocratique. Dans cette coopérative, les collaborateurs élisaient leurs supérieurs, définissaient eux-mêmes la grille des salaires et jouissaient d'un grand respect. Cela correspondait exactement à ses valeurs.

C'est ce qu'elle souligna et vanta dans la lettre qui accompagnait sa candidature spontanée et lors des deux entretiens qu'elle obtint. C'est facile quand on n'a pas besoin de feindre un comportement, quand on peut s'enthousiasmer sincèrement pour une culture d'entreprise. Elle réussit ainsi un changement qu'elle n'a jamais regretté. J'ai eu l'occasion de lui reparler deux ans plus tard, elle n'avait toujours que des louanges à la bouche pour son entreprise.

Ce type de plan d'évasion ne fonctionne que si vous ne postulez pas à l'aveugle. Faites un réel travail de détective et procédez méthodiquement. Commencez d'abord par collecter des indices. Puis définissez un portrait-robot de l'entreprise. Ensuite – et seulement ensuite – envoyez une candidature spontanée pour « mettre la main » sur le job qui vous intéresse. L'idéal est d'avoir un espion dans la place, susceptible non seulement de vous donner des informations importantes mais de vous indiquer les bons contacts.

MOTUS ET BOUCHE COUSUE

S'évader d'une maison de fous prend un certain temps. Règle numéro un : ne parlez à personne de l'entreprise de vos désirs d'évasion. Car que se passe-t-il quand on devient un déserteur potentiel ? Tout un système de résistance se met en ordre de marche pour compliquer votre fuite. Les risques sont multiples.

La menace de vengeance

Les entreprises psychopathes sont animées d'un désir de vengeance irrationnel. S'il y a une chose qu'elles détestent, c'est bien qu'on les déserte plutôt qu'elles ne vous mettent dehors. Si vous révélez que vous avez l'intention d'aller voir ailleurs, vous risquez d'y aller plus rapidement que prévu, par exemple à l'occasion d'une procédure éclair de licenciement.

J'ai souvent observé que des patrons devançaient ainsi leurs collaborateurs par simple crainte d'être desservis par l'image d'une démission. Ils retournent la lance et flanquent vigoureusement le collaborateur dehors. Motif secret de l'opération : si on n'est pas assez bons pour lui, il n'est pas assez bon pour nous non plus !

Le motif officiel est vite trouvé. Ce n'est pas ce qui manque. Rentrer chez soi avec un stylo bille de la maison peut suffire à valider un licenciement pour faute.

Se poserait alors le problème de devoir postuler un nouvel emploi en étant au chômage, une situation beaucoup moins favorable pour trouver un job intéressant.

Le torpillage du plan d'évasion

Attendez-vous à ce que votre chef torpille subtilement votre projet. Chaque fois que vous demanderez un jour de congé impromptu (pour un entretien d'embauche), ce ne sera jamais possible. Une telle montagne de boulot vous tombera soudainement dessus qu'à huit heures du soir vous ne serez pas chez vous à plancher sur votre lettre de motivation, mais au bureau à peaufiner un rapport trimestriel. Et qu'est-ce qui vous permet d'être sûr(e) que le directeur de votre maison de fous ne va pas prendre un mégaphone et s'employer à vous faire une telle réputation que toutes les portes des entreprises de votre branche vont se fermer ?

Une réaction de dépit de ce genre risque de singulièrement vous compliquer la vie et d'inutilement étirer en longueur votre campagne de changement.

Le placard

Dès que votre départ est révélé, vous êtes placardisé(e). Votre nom est toujours sur la porte, vous avez toujours un fauteuil et un bureau, mais les autres font comme si vous aviez disparu. Ou comme si vous étiez déjà parti(e). « De toute façon, c'est pareil », pensent les autres internés.

Les collègues vous font tourner en bourrique. Ils démantèlent vos dossiers comme autant de vieilles voitures bonnes pour la casse, s'approprient tout ce qui peut leur être utile et vous laissent les problèmes. Votre aptitude au travail est détruite. En revanche, votre capacité à encaisser les coups est préservée, notamment quand il s'agit de trinquer pour les autres.

Pourquoi voulez-vous vous faire ça ? Il suffit bien que vous soyez automatiquement placardisé(e) dès que vous aurez présenté officiellement votre démission.

La jalousie se met en marche

Votre projet d'évasion peut enfin déclencher une grosse poussée de jalousie chez ceux qui vont rester derrière les barreaux de l'asile. Parce que si vous êtes assez futé(e) pour fuir cette entreprise dénaturée, cela signifie en creux que ceux qui restent sont trop bêtes pour le faire. Ou trop paresseux. Ou trop inconséquents.

Plus c'est vrai, plus la réaction est violente. Attaques verbales, harcèlement, mises en quarantaine punitives : tout est bon. Les collègues projettent sur vous, qui partez, leur rage de devoir eux-mêmes rester enfermés.

Voilà pourquoi il est important que vous organisiez votre départ sans que personne ne le sache. Comment vous y prendre est le sujet du paragraphe qui suit.

NI VU NI CONNU

Une fuite réussit d'autant mieux qu'elle est hyper discrète. Faites le maximum pour garder votre projet secret aussi longtemps que possible. Comment ? Quels signaux devez-vous absolument éviter pour ne pas risquer de mettre la puce à l'oreille de votre entourage professionnel ? Voici quelques conseils.

Congés à haut risque

Quand, pendant dix ans, vous n'avez pas pris vos congés autrement que par périodes au minimum d'une semaine et en prévenant au moins six mois à l'avance, si vous demandez brusquement un jour par-ci, un jour par-là, en prévenant la veille pour le lendemain, vous allez réveiller même le plus endormi des vieux chiens.

Mais alors, comment faire pour vous rendre à vos entretiens d'embauche ? S'il s'agit de PME, tentez d'obtenir un rendez-vous après 18 h, voire le samedi matin, en prétextant une grosse charge de travail. Cette demande, qui suggère que vous continuez à vous investir pleinement dans votre travail alors même que vous êtes sur le départ, passe bien auprès d'une majorité d'entreprises. Les employeurs ont toujours tendance à déduire une future attitude au travail de ce qu'ils savent de votre engagement actuel.

Sinon, inventez une histoire. Dès que vos idées se précisent, prévenez votre patron que vous allez devoir prendre un jour ou un après-midi de temps à autres pour garder l'un de vos enfants, aller chez le kiné, soigner votre vieille mère…

Dites ce que vous voulez, sauf la vérité !

Vêtements à haut risque

À quoi ressemble la tenue d'évasion d'un salarié ? Elle est beaucoup plus chic que sa tenue d'interné ! Si un beau matin vous ne débarquez pas en tenue de bûcheron mais en costume trois pièces, que vous ne portez pas d'infâmes savates informes mais des mocassins bien astiqués et que, par-dessus le marché, vous vous éclipsez discrètement en début d'après-midi, autant porter tout de suite un écriteau avec marqué dessus : « J'ai rendez-vous avec mon nouvel employeur ! »

Le jour où le cas de figure se présente, respectez impérativement la chronologie suivante : 1, je quitte le périmètre de l'asile, 2, je change de tenue.

Coups de téléphone à haut risque

Si un chasseur de tête (ou un éventuel futur employeur) vous appelle sur votre lieu de travail, par exemple suite au dossier de candidature que vous lui avez fait parvenir, débrouillez-vous pour interrompre au plus vite la communication et reprendre la conversation dans un endroit plus discret. Une bribe de phrase saisie par l'oreille d'un collègue, votre voix qui baisse de trois tons, votre air de conspirateur/trice, la seule façon dont vous fermez la porte de votre bureau l'écouteur collé à l'oreille – et tout l'étage se dit : « Tiens, tiens, il y a quelqu'un qui cherche à partir ! »

Maintenant, si vous êtes un(e) excellent(e) comédien(ne) et embrayez l'air de rien sur la pluie et le beau temps, c'est votre correspondant, à l'autre bout du fil, que vous allez heurter. Or sachez qu'il en va d'une conversation téléphonique comme d'un entretien en face à face : vous devez faire la meilleure impression.

Plus vous organisez votre départ discrètement, moins vous vous exposez à ce qu'il soit contrecarré. Et plus vous aurez de chances de réussir. Il ne vous reste plus qu'à savoir où vous voulez aller. Plus qu'à trouver l'entreprise susceptible de vous offrir l'épanouissement professionnel auquel vous aspirez.

FAITES DE L'ESPIONNAGE D'ENTREPRISE

Que fait un pays qui veut s'assurer que les boules de sapin de Noël que fabrique soi-disant son voisin ne sont pas des bombes atomiques ? Il prend pour argent comptant les informations fournies aimablement par le gouvernement ? Pensez donc, il infiltre des espions qui vont voir *sur place*, qui fouillent tous les recoins du pays et collectent discrètement un plein panier de vérités *officieuses.*

Utilisez, vous aussi, les services d'un espion. C'est un excellent moyen de savoir si l'entreprise qui vous paraît si raisonnable n'est pas une maison de fous potentielle.

Comment faire ? C'est très simple : servez-vous d'un réseau social professionnel, par exemple LinkedIn ou Viadeo. Ils comptent aujourd'hui des millions d'inscrits. Les chances d'y rencontrer plusieurs collaborateurs d'une entreprise, même d'une PME, ne sont pas minces. Quant aux grands groupes, la moitié du personnel est dessus.

Je ne comprends pas pourquoi tant de candidats à l'embauche ne pensent même pas à ouvrir cette malle aux trésors, ni pourquoi ceux qui le font se contentent le plus souvent de demander un conseil, un nom de personne à contacter. Il y aurait pourtant des questions autrement plus importantes à poser : « Est-ce seulement une bonne idée de postuler dans cette entreprise, vais-je y être heureux/se ou m'y étioler, y devenir lentement fou/folle ? »

Inscrivez-vous et commencez vos recherches en ratissant large, par exemple avec le nom de l'entreprise comme axe de recherche. Si vous trouvez beaucoup de collaborateurs, vous pourrez affiner votre recherche, par exemple par profession ou service. L'idéal est de trouver des gens qui travaillent ou ont travaillé dans le département où vous souhaitez postuler. Des informations provenant d'autres secteurs de l'entreprise peuvent cependant en dire long aussi sur la culture maison.

Tous ces « espions internes » savent mieux que personne ce que vous n'aimeriez que trop savoir : comment ça se passe à l'intérieur. Est-ce la dictature ? le règne de la bêtise ? du mensonge ? Le top *management* est-il cupide ? mégalomane ? Les collaborateurs sont-ils menés à un train d'enfer ? les clients trompés et les actionnaires chouchoutés ?

Ou bien l'entreprise est-elle aussi moderne et ouverte, aussi soucieuse du bien-être de ses collaborateurs et de ses clients qu'elle le dit dans ses offres de postes et ses communiqués d'autopromotion ? Il ne s'agit pas qu'une entreprise n'ait aucun point faible – vue de l'intérieur, aucune entreprise n'est parfaite –, mais l'impression d'ensemble doit être positive. Il s'agit essentiellement de s'assurer que vous n'allez *pas* retomber sur une maison de fous.

Quels espions internes devez-vous privilégier ? Je recommanderais ceux qui n'ont rien à perdre à dire la vérité, pas même leur amour-propre : les *anciens* collaborateurs. Des salariés en activité dans l'entreprise risquent de vous raconter les mensonges qu'ils se racontent à eux-mêmes, style : ça va, c'est tout à fait supportable (même si ça ne l'est pas du tout !).

Envoyez des mails à plusieurs contacts pour leur proposer d'échanger avec vous sur leur ex-entreprise. Si possible, convenez d'un rendez-vous téléphonique. Pour votre « espion », vous êtes un(e) inconnu(e). Or communiquer par mail revient à laisser une trace écrite dont on ne sait jamais dans quelles mains elle peut tomber. Un échange verbal informel est plus facile à faire accepter, d'autant qu'un dialogue offre aussi à vos éventuels correspondants la possibilité de mieux vous connaître.

Quelles questions poser pour évaluer une entreprise ? Intéressez-vous plus particulièrement aux points auxquels vous attachez une grande importance. Ensuite, cherchez à en savoir plus sur l'existence de règles non écrites, d'usages propres à l'entreprise.

Les dix questions suivantes se sont avérées riches d'enseignement pour mes clients :
- quand vous comparez l'image de l'entreprise à ce que vous avez vécu en interne, quelles sont les différences ?
- sur une échelle de 1 (très basse) à 10 (très élevée), où se situe l'estime portée aux collaborateurs ?
- et aux clients ?
- comment décririez-vous le style de *management* de la maison ?
- quel rôle joue la réalisation de profits ?
- de quoi les collaborateurs se plaignent-ils le plus souvent ?
- qu'est-ce qui vous a le plus handicapé dans votre travail ?
- dans quelles situations vous êtes-vous dit : « Je travaille dans une maison de fous ! » ?
- comment estimez-vous les perspectives d'avenir de l'entreprise ?
- souhaiteriez-vous retravailler dans cette entreprise ? Pourquoi ?

Plus un collaborateur a travaillé longtemps dans l'entreprise et en est parti récemment, plus son témoignage aura de pertinence. Essayez discrètement de savoir pourquoi il a quitté l'entreprise. S'il s'est fait licencier, il est possible qu'il soit moins objectif que s'il a démissionné pour un job plus attractif ou pris sa retraite.

Sachez lire entre les lignes. Votre espion parle-t-il comme s'il était insatiable et se souvenait avec plaisir de l'entreprise ? Faut-il lui arracher les mots, marmonne-t-il sans enthousiasme ? S'emporte-t-il, crie-t-il sa rage dans le téléphone au point que vous deviez écarter l'écouteur de votre oreille ?

Quand vous aurez de deux à cinq échanges téléphoniques derrière vous, vous aurez développé un sixième sens pour détecter les particularités – et les failles – d'une entreprise. Vous saurez à coup sûr distinguer la maison honorable et saine de la maison de fous.

Vous obtiendrez en outre de précieux renseignements sur les règles du jeu, le style de *management* et les challenges de l'entreprise. Ces informations vous aideront à trouver le ton juste en entretien d'embauche et vos connaissances vous donneront un avantage sur vos interlocuteurs.

GRAND SYSTÈME D'ALERTE PRÉCOCE
OU COMMENT ÉVITER LES ENTREPRISES MALSAINES

Un regard sur la mer vous permet-il de savoir si un plongeur nage quelque part sous la surface ? Non, pas de prime abord. Pourtant, si vous regardez plus attentivement, vous voyez monter de minuscules bulles d'air. Ces bulles révèlent la position du plongeur et indiquent dans quel sens il nage.

L'entreprise auprès de laquelle vous postulez est une eau profonde. La folie s'y cache sous la surface, le néophyte ne la voit pas, mais un œil exercé va repérer les minuscules bulles d'air qui signalent sa présence.

Le fait que le poste soit proposé par un chasseur de tête ne serait-il pas le signe d'une culture du secret ? Le fait que l'annonce pour le poste qui vous intéresse ait déjà paru trois fois au cours des douze derniers mois ne devrait-il pas éveiller votre méfiance ?

En tant que conseil en gestion de carrière, informer un candidat à l'embauche sur les risques éventuels d'une entreprise fait partie de mon travail. Cela fait donc des années que je m'intéresse aux petits symptômes de folie. J'examine notamment à la loupe les procédures de recrutement des entreprises dont la folie m'est connue par les témoignages de collaborateurs. Quelle langue utilisent les maisons de fous dans leurs annonces ? Comment traitent-elles les candidats dans leurs lettres de réponse ? Comment se comportent-elles dans les entretiens d'embauche ?

Plus on regarde avec attention la surface des procédures de recrutement, plus les petites bulles d'air deviennent visibles. Je vous propose ci-dessous une liste de 22 signaux d'alerte à examiner en priorité. Autant éviter que votre quête d'idéal ne se transforme en retour à la case départ.

Ne dramatisez tout de même pas : un unique symptôme ne fait pas la folie – une petite bulle d'air remonte parfois à la surface alors que personne n'est en plongée. En revanche, si toute une chaîne de bulles apparaît, si plusieurs symptômes s'additionnent qui tous convergent, alors le danger, en l'occurrence la folie, est bien là.

SIGNAUX D'ALERTE PRÉCOCE 1 :
L'ANNONCE DE RECRUTEMENT

Combien de fois est-elle parue ?

Assurez-vous du nombre de parutions de l'annonce. Si elle est parue plusieurs fois au cours des mois précédents ou si elle est déjà parue il y a plusieurs mois, cela peut signifier trois choses :

- que le poste n'est pas pourvu parce que les exigences de l'employeur sont irréalistes ;
- que les *top* candidats sont vite partis en découvrant une maison de fous ;
- hypothèse la plus vraisemblable, que le poste a été pourvu, mais le candidat n'a pas été embauché à l'issue de sa période d'essai. Cela peut être le signe d'une culture d'entreprise brutale, d'un supérieur difficile, d'un manque de patience lors de l'intégration.

Le style et la formulation

Plus le style est raide et compassé, plus l'entreprise a de chances d'être bureaucratique et formaliste. Si l'annonce vante « l'absence de formalisme des relations internes à l'entreprise » et souhaite « une lettre manuscrite afin de juger de votre aptitude à intégrer une équipe moderne… », le style empesé va plus compter que l'idée véhiculée (la décontraction). Une formulation comme : « Vous ne nous connaissez pas encore ? En trois clics, visitez notre site. Notre style vous plaît ? Adressez-nous un mail, décrochez votre téléphone et venez nous voir ! », serait plus plausible.

Attention aux incohérences entre fond et forme, elles peuvent être le signe d'une folie masquée.

Chasseur de tête recherche…

Une entreprise qui fait appel aux services d'un bureau de recrutement a de bonnes raisons pour cela. Il est ainsi possible que celui dont le poste est mis au recrutement ne soit pas encore informé de sa disgrâce. Ou bien il est important que les salariés, qui en sont déjà à leur énième chef en quelques mois, ne sachent rien d'un changement qui risquerait de les déstabiliser. À moins que ce soient les clients et les partenaires commerciaux à qui il faille donner l'illusion de constance et de stabilité.

Tout cela laisse craindre un climat de cachotteries, une hyperhiérarchisation et une faible estime des collaborateurs, *a fortiori* si le poste à pourvoir ne concerne pas une spécialité pointue ou n'implique pas de très hautes responsabilités et aurait très bien pu faire l'objet d'une simple annonce sur un réseau Internet professionnel.

Le contact

Le nom et les coordonnées mails et téléphoniques d'une personne à contacter sont-ils mentionnés ? Êtes-vous expressément invité(e) à vous adresser à ce contact ? Si aucun nom n'est mentionné, voire pas même un numéro de téléphone, il s'agit vraisemblablement d'une entreprise qui tient la communication directe pour une perte de temps. Si les postulants sont traités de cette façon, qu'est-ce que cela doit être avec les collaborateurs qui ont déjà signé leur contrat !

La date d'entrée en fonction

« Poste à pourvoir le plus rapidement possible » signifie : Au feu ! les pompiers, la maison brûle ! Recherchons d'urgence candidat à la folie pour sauver ce qui reste à sauver ! Si vous avez envie de vous brûler les doigts, allez-y, mais ne comptez pas sur une procédure d'intégration en bonne et due forme. Ça va chauffer. Et puis : comment se fait-il que le poste soit à pourvoir sans délai ? Est-ce un bazar sans nom ? Le précédant détenteur du poste a-t-il jeté l'éponge ou a-t-il été mis à pied ?

Lors de l'entretien de recrutement, n'omettez surtout pas de demander ce qu'il est advenu du prédécesseur. Il y a peut-être quelque chose de pourri quelque part.

Rémunération conforme au poste occupé/attractive/motivante

Les entreprises aiment bien utiliser ces termes de « conforme au poste occupé » et autres « rémunération attractive » ou « motivante », quand le salaire n'est justement pas conforme à ce qu'il devrait être, non plus qu'attractif ou motivant. Ce type de formulation peut anticiper l'annonce d'un fixe peu élevé, assorti ou pas d'un variable plus ou moins aléatoire, consistant en primes, intéressement et autres gratifications.

Les entreprises qui pratiquent cette politique sont hyper-orientées profit et n'attirent pas leurs collaborateurs avec des activités et des objectifs attractifs (arguments intrinsèques), mais en leur agitant des billets sous le nez (arguments extrinsèques). L'entreprise et le travail qu'elle propose ont-ils donc si peu d'attraits ?

L'adaptabilité

Un poste qui requiert une « grande adaptabilité », surtout si c'est l'une des premières exigences, peut indiquer que l'entreprise est en pleine tourmente. Un vent de restructuration s'annoncerait-il ? L'entreprise est-elle sur le point de fusionner ? de déménager ? Allez-vous devoir enchaîner les déplacements ? changer constamment d'endroit ? Cela sent le stress, la navigation à vue… et une tendance à la folie.

Le travail en équipe

En tant que nouvel(le) embauché(e), il va de soi que vous allez devoir vous intégrer à une équipe existante. Quand la capacité à travailler en équipe est un peu trop lourdement soulignée, cela peut signifier deux choses : soit travailler avec l'équipe de cette maison de fous est particulièrement difficile et requiert une patience d'ange, soit les perspectives de progression sont tellement bouchées que vous serez condamné(e) à vie à faire partie d'une équipe et pouvez d'ores et déjà renoncer à en diriger une un jour.

La responsabilité

Un grand sens des responsabilités est-il souhaité ? De grandes responsabilités vont-elles vous être confiées ? La responsabilité est-elle conjuguée à toutes les sauces alors qu'il ne s'agit pas d'un poste de dirigeant ? Il est bien possible que vous deveniez surtout responsable d'opérations casse-cou, que vous deviez assumer pour les autres et travailler avec quelques bombes à retardement sous votre bureau. Le véritable intitulé du poste à pourvoir c'est : bouc émissaire.

SIGNAUX D'ALERTE PRÉCOCE 2 : LA CANDIDATURE

Le temps d'attente

Combien de temps avez-vous attendu une réponse ? À réception de votre dossier, une entreprise bien organisée vous adressera un courrier attestant l'avoir reçu et vous informant de la suite de la procédure, notamment du délai dans lequel elle vous recontactera. Si vous deviez attendre trois à quatre semaines pour recevoir directement une invitation à un entretien d'embauche, au surplus fixé au surlendemain, cela risque d'être le signe avant-coureur d'une désorganisation chronique et d'un manque d'empathie envers les (futurs) collaborateurs.

© Groupe Eyrolles

Le ton de la lettre

Le ton de l'invitation à un premier entretien est-il *engageant* ? Ou bien ressemble-t-il plutôt à une convocation légale ? Le nom et les fonctions des personnes qui vous recevront sont-ils précisés ? Vous encourage-t-on à téléphoner pour toutes demandes de précisions ? Si ce n'est pas le cas, la froideur du ton peut être le reflet de la froideur de l'entreprise – et le manque d'amabilité envers les candidats, celui d'un manque d'amabilité envers les collaborateurs…

SIGNAUX D'ALERTE PRÉCOCE 3 :
EN MARGE DU PREMIER RENDEZ-VOUS

À l'intérieur des locaux

Ne négligez pas d'observer les locaux de l'entreprise. À quoi ressemblent-ils ? Ont-ils l'air chics et modernes de l'extérieur, mais démodés et bas de gamme de l'intérieur ? Ce décalage peut signaler un fossé entre l'image que l'entreprise veut donner d'elle et la réalité. Je connais une PME qui s'est dotée d'une belle façade en verre ouverte sur l'extérieur, mais dont l'aménagement intérieur date des années 1970, de même que son style de *management*, tout aussi poussiéreux.

L'ambiance dans les couloirs

Quelle impression donnent les collaborateurs que vous croisez dans les couloirs ? Ont-ils l'air heureux d'être là ? Discutent-ils de façon gaie et détendue ? Vous salue-t-on d'un signe de tête aimable ? Ou bien vous jette-t-on un regard méfiant, comme le veut l'usage dans les cultures du soupçon ?

Les gens s'entretiennent-ils à voix basse ? Se croisent-ils sans s'adresser la parole ? Ont-ils l'air déprimés ? voire tourmentés ? Si oui, il semble qu'il règne dans cette entreprise un climat qui n'encourage guère à l'épanouissement et la progression des collaborateurs. Avez-vous réellement envie de vous joindre à ce triste cortège ?

La vitesse de déplacement

Observez la vitesse à laquelle les collaborateurs se déplacent. Marchent-ils vite ? Courent-ils dans les couloirs comme s'ils avaient le feu aux trousses ? Cela peut signaler une grande pression, une ambiance hystérique. Le feu qui talonne les collaborateurs est peut-être le patron et ses délais impossibles à tenir.

Les salariés errent-ils au contraire comme des âmes en peine dans les couloirs ? C'est peut-être le signe d'un sentiment général d'abattement. Ainsi qu'une étude sur des chômeurs l'a mis en évidence, un état dépressif peut en effet diviser par deux la vitesse de déplacement[60].

Mon activité de conseil m'en apporte souvent la confirmation : ces entreprises freinent leurs collaborateurs, au sens strict du terme, et sont par ailleurs tellement lentes à réagir sur les marchés que l'insolvabilité finit par les rattraper.

La ponctualité

Votre entretien commence-t-il à l'heure prévue ou vous fait-on attendre ? Quand vous entrez dans la pièce où l'entretien doit avoir lieu, tous les participants sont-ils là ou déboulent-ils les uns après les autres comme s'ils arrivaient des quatre coins de l'entreprise, le dernier alors que l'entretien a déjà commencé ? Cela peut être le signe d'un climat hystérique, d'une grosse charge de travail et d'une grande pression, et d'un manque de respect envers vous, donc très probablement envers les collaborateurs en général.

Le ton envers les subordonnés

Comment se comporte avec les autres le très aimable chef de service qui vous reçoit ? Traite-t-il avec la même prévenance l'assistante qui vous apporte un café ? La remercie-t-il ? Fait-il seulement attention à elle ? Comment répond-il au stagiaire qui lui pose rapidement une question dans le couloir ? Sans qu'ils s'en doutent, c'est précisément dans leurs manières de se comporter avec leurs collaborateurs de longue date que les directeurs montrent leur vrai visage. Le ton désagréable, le mépris, l'arrogance sont un avant-goût de ce qui vous attend. Il est en effet fréquent que l'attitude d'un supérieur, sympathique ou antipathique, ne soit pas une exception mais l'expression d'une culture d'entreprise.

SIGNAUX D'ALERTE PRÉCOCE 4 : L'ENTRETIEN

La préparation

Vos interlocuteurs s'adressent-ils à vous en vous nommant par votre nom ? Connaissent-ils votre CV ou bien avez-vous l'impression qu'ils regardent plus le dossier ouvert sur la table que vous-même ? Vous pose-t-on des questions sans objet (dont les réponses figurent dans votre dossier) ? Par exemple : « Avez-vous une expérience de l'étranger ? » plutôt que « Comment se sont passées vos deux années aux États-Unis ? »

Une mauvaise préparation de l'entretien permet de conclure à une entreprise qui place le recrutement et le développement de ses collaborateurs au second plan derrière les affaires courantes. Elle préfère écoper l'eau de la barque plutôt que boucher intelligemment le trou.

Autour de qui tourne la conversation ?

Vos interlocuteurs s'intéressent-ils réellement à vous ? Ont-ils de la curiosité pour votre parcours professionnel et votre personnalité ? Ou bien utilisent-ils l'entretien pour vous faire un historique complet de l'entreprise, vanter ses hauts faits et dénigrer la concurrence ? Une attitude égocentrique signe l'entreprise qui se prend pour le sel de la terre, et tourne essentiellement autour d'elle-même. Préparez-vous à plus de paraître que d'être, à plus d'égocentrisme que d'altruisme.

La rémunération

Quand il s'agit d'argent, les masques tombent, du moins parfois. Comment vos interlocuteurs abordent-ils le sujet de la rémunération ? Semblent-ils considérer comme naturel qu'un bon travail mérite un bon salaire ? Cherche-t-on une solution avec vous, même lorsque vos prétentions dépassent le budget alloué au poste ou bien ce sujet déclenche-t-il une nette attitude défensive chez vos interlocuteurs ? Se comportent-ils comme s'ils n'avaient que très peu ou aucune marge de négociation ? Font-ils pression sur vous pour obtenir une réponse ?

Ce comportement laisse augurer un style de gouvernance peu coopératif ainsi qu'un manque d'estime des collaborateurs : le salaire que vous valez pour un employeur et l'estime qu'il vous porte d'une manière générale sont, si je m'en fie à mes observations de *coach* de carrière, étroitement liés[61].

L'occultation des points négatifs

Le job vous est présenté comme ce qu'il y a de plus enviable sur terre ? La description du poste est si alléchante que vous commencez à vous demander pourquoi on vous paierait pour le faire et non l'inverse ? Vous avez beau creuser, questionner, titiller : rien ne cloche, tout est beau, tout est parfait. Eh bien non, tout n'est pas parfait : on vous raconte des histoires. Car une entreprise qui met un poste au recrutement a un problème, par définition. Et le candidat devra le résoudre. Une entreprise qui ne le reconnaît pas et ne l'esquisse même pas en creux est aussi portée sur l'ouverture et la transparence qu'une huître fermée.

L'accueil de vos questions

Vous allez pouvoir poser des questions, au plus tard à la fin de l'entretien. Vous voulez peut-être savoir si le poste est nouveau ou pour quelles raisons le précédant détenteur de la place est parti. Ou bien ça vous démange d'apprendre pourquoi l'entreprise n'a pas saisi une opportunité de développement dans sa branche. À moins que vous ne désiriez plus d'explications sur les perspectives d'avancement des *nouveaux* collaborateurs.

Les réponses sont laconiques ? Parions que vos interlocuteurs n'ont pas envie de répondre, sans doute parce qu'ils n'ont rien à dire, du moins rien de bon. L'attitude témoigne aussi d'une mentalité hégémonique d'un autre âge, comme si la décision du choix n'appartenait qu'à l'employeur et pas du tout à vous (les entreprises à culture démocratique l'ont bien compris et répondent volontiers en détail à ce type de questions).

L'entente des interlocuteurs

L'un de mes clients, contrôleur de gestion, fut convoqué pour un dernier entretien de recrutement dans une PME. Ses interlocuteurs étaient deux frères qui avaient hérité l'entreprise et la dirigeaient conjointement. Ils posèrent des questions diamétralement opposées. L'un, responsable de la partie finances, ne jurait que par le *controlling* à l'anglo-saxonne et posait des questions pointues. L'autre, responsable de la partie marketing, remettait le *controlling* en question et ne cachait pas qu'il n'en pensait aucun bien. C'est tout juste si les deux frères ne se disputaient pas. Mon client se vit néanmoins proposer le job et l'accepta.

Il apparut rapidement que les dissensions de l'entretien de recrutement étaient significatives de ce qui se passait au quotidien. Les deux frères n'avaient de cesse de se mettre des bâtons dans les roues. Mon client fut pris entre deux feux. Il arriva ainsi que le directeur marketing refuse de lui communiquer des chiffres dont il aurait eu besoin pour travailler. Il ne mit guère de temps à regretter d'avoir accordé si peu d'attention aux signaux d'alerte perçus lors de l'entretien d'embauche avant de signer son contrat. Trois mois plus tard, il démissionnait.

MAIS FAITES-LES DONC FERMER !

Qui donc est suffisamment fort pour faire fermer les maisons de fous ? Mais les salariés, pardi ! Imaginez une maison de fous qui n'attire personne.

Jusque-là, si le boycottage a échoué, cela tient à une raison, une seule : les salariés n'ont pas conscience de leur pouvoir. Prenez le candidat de base, il n'aspire qu'à une chose : convaincre l'employeur qu'il est le candidat qu'il lui faut. Il cherche à démontrer qu'il mérite le job. Il veut gagner l'entreprise à sa cause.

Pourquoi tant de prosternation ? Il y aurait pourtant de bonnes raisons d'inverser le propos : « L'employeur *m*'a-t-il convaincu ? L'entreprise *me* mérite-t-elle ? L'entreprise en a-t-elle fait suffisamment pour *me* gagner à sa cause ? »

Cette attitude induit un nouveau regard : ce n'est plus le chiffre d'affaires de l'entreprise qui compte mais la mise en pratique de valeurs ; ce n'est plus le contrôle d'un marché mais le style de gouvernance ; plus le bel effet d'un nom prestigieux dans un CV mais la culture de l'entreprise.

Un candidat *conscient* n'est pas choisi par une entreprise. C'est *lui* qui choisit une entreprise. Il n'est pas un demandeur mais un partenaire de même niveau. De même que l'est le salarié déjà en fonction qui doit se demander régulièrement si cela vaut la peine qu'il reste ou s'il ferait mieux de partir. C'est en se décidant ainsi pour ou contre une entreprise que la folie commencerait à craindre pour son avenir.

Commencerait ! Pour le moment, les maisons de fous jouent sur du velours : le modèle économique peut être complètement insensé, le *management* totalement déficient et la bureaucratie paralysante, il se trouve toujours des armées de candidats à l'embauche pour frapper à la porte de l'entreprise puis, une fois dans la place, s'employer à pérenniser le modèle.

Les entreprises maisons de fous suivent la loi de l'offre et la demande. Tant qu'elles parviennent à attirer un nombre raisonnable de candidats qualifiés et à retenir suffisamment de collaborateurs pour faire tourner la boutique, elles n'ont aucune raison de changer quelque chose à leur fonctionnement.

Pourtant, que se passerait-il si un nombre croissant de candidats qualifiés faisaient un grand crochet pour les éviter ? Si les salariés performants venaient à manquer, si les piliers de l'entreprise partaient chez des concurrents soucieux d'humanité et d'éthique ?

J'ai déjà assisté à ce cas, chez un fabricant de machines-outils. PME jusque-là stable et florissante, à la suite d'un

changement de direction, le *turn-over* du personnel prit
des allures infernales. Presque chaque mois, un ingénieur
hautement qualifié donnait sa démission. Toujours pour la
même raison : le directeur général, un homme aux rêves
de toute-puissance, s'arrogeait les tâches importantes et ne
cessait d'intervenir dans le travail des techniciens experts.
Deux directeurs en second empressés lui prêtaient main
forte.

Au début, le marché du travail continua sans coup faiblir de
fournir la relève. Puis le nombre de candidatures commença
à baisser, de même que la qualité des postulants. La raison
n'en était pas bien compliquée : les dissidents ne s'étaient
pas privés de raconter à qui voulait les entendre dans le
milieu ce qui se passait derrière les murs de cette maison
de fous. Résultat : aucun ingénieur qualifié ne voulait plus
mettre les pieds dans l'entreprise.

La qualité du travail baissa à chaque poste qui n'était
pas pourvu de façon optimale, le mécontentement des
clients grandit, puis le nombre de commandes s'effondra. Les propriétaires de l'entreprise finirent par tirer
la sonnette d'alarme. Le directeur général fut prié de
faire ses cartons, ses deux fidèles lieutenants également.
Un nouvel homme fort arriva qui reprit les rênes, développa une culture d'entreprise moderne et réussit même,
quelques années plus tard, à faire revenir quelques-uns
des anciens collaborateurs.

Les salariés de cette PME ont réussi à tordre le cou à la
folie. On parie que c'est possible ailleurs ? Car que fait une
entreprise qui ne parvient plus à recruter suffisamment de
personnel qualifié ou ne parvient pas à le retenir ? Elle se
demande : « Qu'est-ce qui séduirait ces candidats hautement qualifiés ? Quelles opportunités de développement,

quels outils de concertation, quelle culture d'entreprise devons-nous leur offrir pour les faire venir chez nous ? »

La situation serait nouvelle : ce ne serait plus les salariés qui s'adapteraient aux besoins des entreprises mais les entreprises qui se conformeraient aux besoins des salariés, une évolution que le théoricien précurseur du *management* Peter F. Drucker pronostiquait il y a déjà longtemps.

Exprimer sa désapprobation en quittant l'entreprise peut avoir d'autant plus de poids que le salarié s'explique honnêtement avec son employeur. Une fois les conditions de son départ réglées et signées et dès lors qu'il ne risque plus de représailles, tout salarié démissionnaire devrait révéler à son employeur les raisons de sa décision.

Mais soyez constructif. Ne dites pas ce qui vous a déplu, déduisez-en plutôt ce que vous auriez souhaité. Un démissionnaire de la PME de machines-outils aurait par exemple pu dire : « J'aurais préféré une culture d'entreprise plus respectueuse de mon expertise technique. J'aurais aimé, lorsqu'il y avait des décisions à prendre, que les aspects pratiques aient eu plus de poids que la hiérarchie. »

Je vous garantis que si beaucoup de collaborateurs qualifiés démissionnaient en invoquant ces raisons, même les plus abrutis des directeurs de maisons de fous commenceraient à réfléchir, parce qu'ils sentiraient leurs affaires en danger.

Il y a en effet une différence de taille entre les entreprises actuelles et les grandes usines du début du XXe siècle. Autrefois, les salariés étaient interchangeables. Quiconque avait deux mains pouvait travailler à la chaîne. Les candidats à l'embauche faisaient la queue à la porte des usines. On aurait pu remplacer du jour au lendemain tous les ouvriers d'un atelier. Deux jours plus tard la production aurait retrouvé son niveau d'avant.

Or que resterait-il d'un géant de l'industrie actuel s'il devait remplacer tous ses collaborateurs en une nuit ? Ses chercheurs, ses développeurs, ses stratèges du marketing et ses pros de la vente, ses formateurs et ses *managers* ? Rien, il ne resterait rien hormis des locaux et du personnel incompétent. Il ne pourrait plus travailler. Le géant n'existerait plus, il serait rayé de la carte.

À l'heure de la société du savoir, la partie la plus importante d'un travail se fait dans un lieu auquel les patrons n'ont pas accès : dans votre tête. Presque tous les travailleurs sont spécialisés et maîtrisent leur spécialité mieux que leurs supérieurs. L'entreprise est dépendante d'eux. Ils sont détenteurs d'un savoir précieux qui part (ou arrive) avec eux.

Seul le collaborateur qui a pris conscience de ce *nouveau* pouvoir, qui ne se soumet pas aveuglément aux exigences de l'entreprise mais formule lui-même des exigences et s'y conforme lorsqu'il choisit une entreprise, seul ce collaborateur peut durablement échapper à la folie. Et plus de collaborateurs agiront dans ce sens, plus les choses évolueront jusqu'à ce qu'un jour, enfin, les maisons de fous aient disparu.

« Certes me direz-vous, mais aujourd'hui, la plupart des gens sont contents de seulement trouver un travail. Qui peut encore se permettre de faire la fine bouche ? » J'opposerais trois idées à cet argument :
- premièrement, il faut être masochiste pour prêter volontairement le flanc à la folie. Le prix à payer est beaucoup trop élevé : en estime de soi, en santé et bien souvent cela coûte également le job que vous avez payé si cher (car il est de notoriété publique que les maisons de fous marchent sur des cadavres) ;
- deuxièmement, le nombre d'employeurs est si grand que, même en excluant les maisons de fous, il reste encore un

choix considérable. Il existe en France 2,7 millions d'entreprises[62], grandes, moyennes et petites. La plupart des candidats à l'embauche n'en prospectent qu'une infime partie et ils ont un don pour privilégier les maisons de fous les plus populaires ;

- troisièmement, et pour finir, je le constate chaque jour dans mon métier : le taux de réussite fait un bond phénoménal quand les candidats ne postulent pas auprès de maisons de fous mais d'entreprises dont la culture est en accord avec leurs valeurs personnelles. Pour les maisons de fous, ils se contorsionnent et se travestissent jusqu'au renoncement de soi-même – et la perte de crédibilité. Quand ils se sentent dans leur élément, ils peuvent faire valoir leurs vrais atouts, ils sont plus convaincants, plus sympathiques, meilleurs, tout simplement.

Je vous le garantis : changer de job ne sera pas plus difficile en évitant les maisons de fous, ce sera au contraire plus facile, ne serait-ce que parce que vous vous confronterez à la culture d'une entreprise avec vos propres valeurs. Vous convaincrez d'autant plus facilement une entreprise que vous avez choisie sciemment, que sa culture vous correspond et que vous lui correspondez.

Laissez la folie derrière vous. Partez pour de nouvelles aventures. Et une fois sur l'autre rive, prévenez vos anciens collègues qu'il existe une vie après la folie. Sûr qu'ils seront plusieurs à suivre vos traces. Et un jour, peut-être ferez-vous graver sur la tombe de votre vieille entreprise l'épitaphe suivante :

Ci-gît une maison de fous
Tu as vécu
Tant que nous avons bien voulu
Te supporter.

Tu as trépassé
Quand nous avons eu le courage
De te quitter.

Une maison de fous sans fous
N'est qu'une maison vide
Pas une entreprise.

Adieu !

Tes ex-salariés

Pour aller plus loin

Bibliographie

BENNIS (Waren), *Mangin people is like herding cats,* Hardcover 1997.

DAHRENDORF (Ralf), *Der moderne soziale Konflikt,* dtv, 1994.

DRUCKER, (Peter F.), *L'avenir du management*, Village Mondial, 2010.
– *Devenez manager !* Village Mondial, 2006.
– *À propos du management,* Village Mondial, 2001.

GLADWELL (Malcolm), *BLINK !*, Penguin Books, 2006.

GOLEMAN (Daniel), BOYATZIS (Richard), MCKEE (Annie), *L'intelligence émotionnelle au travail,* Village Mondial, 2010.

HANDY (Charles), *Le temps des paradoxes,* Village Mondial, 1995.

HOOVER (John), *Comment travailler pour un idiot,* Tchou, 2008.

JOHNSON (Spencer), *Qui a piqué mon fromage ?*, Michel Lafon, 2000.

KNOBLAUCH (Jörg), *Die Personalfalle*, Campus, 2010.

LEYMANN (Heinz), *La persécution au travail,* Seuil, 2002.

MALIK (Fredmund), *Management efficace appliqué aux hommes et aux entreprises,* Economica, 2008.

PASCALE (Richard Tanner), *Managing on the edge,* Simon and Schuster, 1990.

PETER (Laurence), *Le principe de Peter,* lfg, 2011.

SENGE (Peter M.), *The Firth Discipline,* Doubleday, 2006.

SUTTON (Robert), *11,5 idées décalées pour innover,* Village Mondial, 2001.
– *Objectif zéro-sale-con,* Vuibert, 2010.

WALLRAFF (Günter), *Parmi les perdants du meilleur des mondes,* La Découverte, 2010.

WATZLAWICK (Paul), *La réalité de la réalité,* Points, 1984.

WEHRLE (Martin), *Geheime Tricks für mehr Gehalt,* Econ, 2003.
– *Die Geheimnisse der Chefs,* Hoffmann und Campe, 2004.
– *Der Feind in meinem Büro,* Econ, 2005.
– *Karriereberatung,* Beltz, 2007.
– *Lexikon der Karriere-Irrtümer,* Econ, 2009.
– *Das Chefhasser-Buch,* Knaur, 2009.
– *Am liebsten hasse ich Kollegen,* Knaur, 2010.
– *Die 100 besten Coaching-Übungen,* Verlag managerSeminare, 2010.

WELCH, Jack et Suzy, *Mes conseils pour réussir,* Village Mondial, 2005.

Notes

1. Martin Wehrle, 2005.
2. http://www.anses.fr/Documents/RNV3P-Ra-Septembre2011.pdf.
3. Cela a été fait, de même que pour tous les autres témoignages.
4. Hedwig Kellner, *Die Teamlüge*, Eichborn, 1997.
5. mdr.de, *Erich Honecker – der Jäger*, 4 janvier 2010.
6. www.liberation.fr/economie/01012310161-comment-depenser-des-millions ; www.mediapart.fr/journal/france/280409/en-sologne-le-prefet-joue-les-gardes-chasses-pour-olivier-dassault.
7. Daniel Goleman, Richard Boyatzis, Annie McKee, *L'intelligence émotionnelle au travail*, Village Mondial, 2010.
8. Voir notamment www.lemonde.fr/societe/article/2012/01/02/airbus-condamne-pour-discrimination-raciale-a-l-embauche_1624837_3224.html ; www.saphirnews.com/Casino-Cafeteria-condamne-pour-discrimination-raciale-a-l-embauche_a13884.html ; www.capital.fr/carriere-management/actualites/l-oreal-et-adecco-condamnes-pour-discrimination-raciale-a-l-embauche-611126.
9. Plusieurs études sont disponibles sur le site de l'Observatoire des discriminations (www.observatoiredesdiscriminations.fr).
10. Institut für Mittelstandsforschung, Bonn, *Auf dem Weg in die Chefetage. Betriebliche Entscheidungsprozesse bei der Besetzung von Führungspositionen*, 2007.
11. Jörg Knoblauch, *Die Personalfalle,* Campus, 2010.
12. ddiworld.fr, étude *N'êtes-vous pas en train de rater vos entretiens ?* (http://www.ddiworld.com/ddiworld/media/global-offices/fr/fr_areyoufailingtheinterview_pr_ddi.pdf).
13. www.cadremploi.fr/editorial/conseils/conseils-candidature/entretien-embauche/detail/article/propositions-indecentes-tout-ce-quon-entend-en-entretien.html.
14. Article L1132-1.
15. Robert Sutton, *Faits et foutaises dans le management, méthode systématique pour démolir les demi-vérités pernicieuses et croyances idiotes qui empoisonnent trop souvent la vie des entreprises*, Vuibert, 2007.

16. Heinz Schuler, *Assessment Center zur Potenzialanalyse,* Hogrefe-Verlage, 2007.

17. http://www.leguide.com/consoforum/topic/darty-sav-temoignage-interne-edifiant.

18. *Envoyé spécial*, France 2, diffusé le 22 avril 2011.

19. www.franceinfo.fr/high-tech/nouveau-monde/l-obsolescence-programmee-des-appareils-electroniques-636603-2012-06-05.

20. Malik, Fredmund, *Management efficace appliqué aux hommes et aux entreprises*, Economica, 2008.

21. http://www.roberthalf.fr/portal/site/rh-fr/menuitem.b0a5220-6b89cee97e7dfed10c3809fa0/?vgnextoid=92816ebc343b6210VgnVCM1000003c08f90aRCRD&vgnextchannel=3eb833be90259110VgnVCM1000003041fd0aRCRD.

22. sueddeutsche.de, *Verlassen von allen guten Meistern*, 15 février 2010.

23. focus.de, *Kassierten Mitwisser Schweigegeld*, 2 avril 2008.

24. Joseph H Boyett et T. Jimmie, *The Guru Guide: The Best Ideas of the Top Management Thinkers*, Wiley, 2000.

25. *Ibid.*

26. Voir Wehrle, 2005.

27. www.lepoint.fr/actualites-economie/2008-06-19/l-affaire-un-scandale-de-24-milliards-d-euros/916/0/254370.

28. Le taux d'emploi des 55-64 ans est plus bas en France de six points (41,5 %) que la moyenne de l'Union européenne à 27, avec 47,4 % (lexpansion.lexpress.fr/carriere/la-galere-des-seniors-chomeurs_243951.html).

29. lexpansion.lexpress.fr/carriere/la-galere-des-seniors-chomeurs_243951.html ; http://www.la-croix.com/Actualite/S-informer/France/Les-seniors-sont-de-plus-en-plus-nombreux-a-travailler-_NG_-2012-07-25-835068.

30. www.pourseformer.fr/emploi/licenciement/formation-continue/h/4220ece634/a/fin-de-la-dispense-de-recherche-demploi-les-seniors-premiers-concernes.html.

31. Spiegel-Online, *Wie Arbeitgeber Gehälter schleifen*, 23 décembre 2009 ; alternatives-economiques.fr/blogs/lechevalier/2010/01/22/dereglementation-du-marche-du-travail-le-syndrome-schlecker/.

32. wiwo.de, *Quartalszahlen-Unsinn mit Methode*, 24 avril 2010.

33. Wehrle, Martin, 2009.

34. *Ibid.*

35. focus.de, *Chronik einer Auto-Ehe*, 14 mars 2007.

36. sueddeutsche.de, *Hochzeiten ohne Liebe*, 4 avril 2007.

37. *Ibid.*

38. Richard Tanner Pascale, *Managing on the edge,* Simon and Schuster, 1990.

39. innovations-report.de, *Studie zu Restrukturierung in Deutschland*, 22 janvier 2007.

40. http://www.lemondeinformatique.fr/actualites/lire-les-syndicats-d-ibm-france-refusent-le-gel-des-salaires-48928.html.

41. wiwo.de, *Schlüsselpersonen halten*, 22 septembre 2009.

42. *Informationsdienst Wissenschaft*, 18 juillet 2007.

43. uni-protokolle.de, *Warum sollten Frauen nicht erste Wahl sei*, 28 décembre 2006.

44. http://www.pme.gouv.fr/essentiel/vieentreprise/rapportmellerio.pdf.

45. *The Times*, 22 avril 2005.

46. workingoffice.de, *Loyal, kommunikativ, mehrsprachig und fit am PC*, 8 décembre 2008.

47. Spencer Johnson, *Qui a piqué mon fromage ?*, Michel Lafon, 2000.

48. « Tracing Business Acumen to Dyslexia », The New York Times, 6 décembre 2007.

49. *Les Echos*-Institut de l'entreprise, enquête menée en 2006.

50. www.telerama.fr/idees/devenons-nous-incultes,82262.php.

51. leplus.nouvelobs.com/contribution/217700-l-economie-francaise-en-deroute-notre-culture-d-entreprise-responsable.html.

52. Peter F. Drucker, *L'avenir du management*, Pearson, 1999.

53. Jack et Suzy Welch, *Mes conseils pour réussir,* Village Mondial, 2005.

54. Wehrle, Martin, 2009.

55. Voir Malik, 2005.

56. http://hbr.org/2004/10/presenteeism-at-work-but-out-of-it/ar/1.

57. The Sainsbury Centre for Mental Health, Mickael Personage.

58. Paul Watzlawick, *La réalité de la réalité*, Points Seuil, 1984.

59. Voir Wehrle, 2005.

60. Heribert Prantl, *Kein schöner Land,* Droemer, 2005.

61. Wehrle, Martin, 2009.

62. www.netdif.fr/nombre-entreprise-france.htm.

Mise en pages : Facompo

Dépôt légal : septembre 2012
N° d'éditeur : 4559
IMPRIMÉ EN FRANCE

Achevé d'imprimer le 7 septembre 2012
sur les presses de l'imprimerie « La Source d'Or »
63039 Clermont-Ferrand
Imprimeur n° 12969

*Dans le cadre de sa politique de développement durable,
La Source d'Or a été référencée IMPRIM'VERT®
par son organisme consulaire de tutelle.
Cet ouvrage est imprimé - pour l'intérieur
- sur papier offset "Amber Graphic" 90 g,
provenant de la gestion durable des forêts,
des papeteries Arctic Paper dont les usines ont obtenu
les certifications environnementales
ISO 14001 et E.M.A.S.*